Question and Answer
Can be used on site
Basic knowledge of apparel materials

新版 Q&A 現場で活きるアパレル素材の基礎知識

高原 昌彦

はじめに

　2012年に繊研新聞社より初版第1刷発行をしていただいた『Q＆A現場で活きるアパレル素材の基礎知識』は、おかげさまで2015年に第2刷発行となり、今日に至っています。

　本書はその改訂増補版として原稿を書き始めたものです。

　しかし途中で家庭用品品質表示法の改定があり、服の取り扱い絵表示や組成表示が大きく変更され、従来の本の内容では対応できないところも多く存在するようになりました。そのため、最初から内容を検証し、現行の法律に対応できるものとし、また、従来の内容をさらにわかりやすいものに変更、イラストや写真の数も増やし、新版として発行することにしました。

　前出の本の「はじめに」にも書きましたが、私の新入社員としての初仕事は、デザイナーがデザインした服に適切な洗濯絵表示を付けるというものでした。服の素材特徴や取り扱い方法などはまったく気にせずアパレル業界に入った私にとって、その仕事はまさに衝撃的だったことを、今でもはっきりと覚えています。

　しかし、その職務のおかげで、この服はどのように洗えばいいのか、なぜこんな洗い方をしなければならないのか、デリケートな素材を使った服の取り扱い方法、このシーズンのこのデザインの服になぜこのテキスタイルは使われるのか、などまさに服の基本中の基本の内容を学ぶことができたのです。

　アパレル素材の知識について書かれた本の一般的な内容をみると、「繊維の知識と特徴」「糸の知識」「生地の知識」と続いて、最後に付録として「洗濯絵表示」といった流れのものが多いと思います。しかし、これでは生きた素材知識は得られないのではないでしょうか？

　本書は、ご好評をいただいた前著の『Q＆A現場で活きるアパレル素材の基礎知識』をベースに「繊維素材はあくまでも服の材料なのだ」という見地に立って書かれています。服のプロの方だけではなく、一般の方にも読んでいただいても分かりやすく、イラストや写真を大幅に増やし構成しています。本書がみなさんのアパレルライフの一助となり、より良いデザイン、より良い販売に結びつければ幸いです。

髙原　昌彦

もくじ

はじめに　*001*

第1章「品質表示」って、何？　*007*

・服についている白い生地が邪魔……
　　Q・今、着ている洋服は何でできているのか？
　　Q・そのほかに組成表示の表記方法に決まりはあるのですか？
・絵表示が変わっているが……
　　Q・絵表示の改正はいつからですか？具体的にどのように改正されたのですか？
・なぜ、絵表示が変更になったのか？
　　Q・今、着ている服はどのように取り扱えばいいのでしょうか？
　　Q・商品クレームはどこに言えばいいのですか？
　　Q・この服はどこで作られたのですか？

第2章　洗濯とクリーニングの知識　*035*

・この服って家で洗えるのかな……
・洗剤はどんなものがいいの……
・漂白って何なの……
・本日、快晴！　絶好の洗濯日和！
・☒のマークには注意!!
・アイロンの温度に注意!!
・今着ている服をクリーニングに出したい
・ドライクリーニングで落ちない汚れがある……
・クリーニング店で可能なのはドライクリーニングだけ？
・クリーニング後の服はどう保管すべき？

第3章　繊維の種類と特性　*059*

・これってただのTシャツだよね……

　　　　Q・なぜコットンの中心は空洞になっているのか。それが服にどんな良さになっているのか？
・洗濯したら縮んじゃった
・秋冬シーズンのコットンってあたたかいの？
　　　　Q・秋冬の服に使われるコットンでも春夏と同じウィークポイントなの？
・麻とリネンは同じ素材なの？
　　　　Q・麻とはいったいどんな素材なのか？
・洗濯したら風合いが変わった！
　　　　Q・そのほかに麻の服のウィークポイントは？
・スーツをお探しのお客が来店
・このセーター、縮んだんだけど！
・このセーター、毛玉ができるんだけど！
　　　　Q・ウールの服で毛玉のほかに注意することは？
・なぜ、このセータはこんなお値段なの？
　　　　Q・獣毛製品の取り扱い方法について教えてください
・ブラウスの値段の説明の仕方
・シルクのブラウス、とってもいいんだけど……
・このブラウス、シルクものとどう違うの？
・ポリエステルのブラウスについて聞かれた
・ナイロンのウインドブレーカーの説明
・アクリルのセーターの説明
・ポリウレタン混のパンツの説明
・化学繊維って、合成繊維だけなの？
・服にシミがついちゃった。家でシミ抜きしようかな……
・吸汗、速乾、冷感って下げ札がついているんだけど……
・発熱繊維って本当に、自然に発熱するの？
・スカートが足にまとわりついて困るんですが……

第4章 糸の秘密　*149*

・繊維と糸は違うの？
・糸にはどんな種類があるの？
・糸の撚りが変わると、どんなことが起こる

- 糸の太さはどのように表わす？
- 異素材を混ぜるって？

第5章 生地のいろいろ *169*

- 「織る」と「編む」は違うの？
- 織物ってどうやって作るの？ 織物の組織はいろいろあるの？
    Q・織物（布帛）の生地で服はどのように作られるのですか？
    Q・編物で作られる服にはどんなものがあるのですか？
    Q・ニットの編目の大きさはなぜ変わるんですか？
    Q・緯（横）編の基本組織というのはありますか？
    Q・経編（たてあみ）とはなんですか？
    Q・生地の「表側・裏側」や「タテ方向・ヨコ方向」という言葉がよく出てきますが、そんなに大切なことなのですか？
    Q・生地を作る段階でも、違う繊維を混ぜることがあるとのことでしたが、どんな方法ですか？

第6章 染色を知る *193*

- 白いTシャツを購入されたお客からの質問
    Q・服はどのように染められるのですか？
    Q・捺染について教えてください
    Q・顔料プリントについて教えてください
    Q・生地を裁断したり、製品にしてから染色やプリントがされるのはなぜですか？

第7章 生地の整理加工 *211*

- 白いTシャツを自分の好きな色に染めたい
    Q・生地を染色したあとは何もしないで完成ですか？
    Q・これら以外に仕上げ加工はないのですか？

第8章 様々な素材 *219*

- レースを使った服についての質問
- ライダースジャケットについての質問

- Q・「革」のなめしについて、もっと詳しく教えてください
- Q・革には主にどんな種類のものがあるのですか?
・リアルレザーのライダースジャケットへのクレーム
- Q・レザーの服のアフターケアについて教えてください
・合成皮革の商品への質問
・毛皮のコートを購入したい
- Q・毛皮の日頃のお手入れや保管方法について教えてください
- Q・毛皮を服の付属品などに使う場合の企画上の注意点は
- Q・ボタンについて教えてください
- Q・裏地と芯地って、服に必要なんですか?

第9章 異素材ミックスと品質試験　*251*

・デザイナー（D）と企画マーチャンダイザー（MD）の打ち合わせ
- Q・具体的にどんなことに注意すればいいのですか?
- Q・素材を組み合わせた服に対し、メーカーの問題防止策は?
- Q・寸法の変化以外のことは品質試験ではわからないのですか?
- Q・一着の服に濃色と淡色が配色されたものがありますがどのようなことに注意すればいいですか?
- Q・水洗いできる素材とドライクリーニングしかできない素材を組み合わせた服の注意点を教えてください
- Q・水洗いしかできない服にドライクリーニングしかできない素材を付属で使いたいと思います。どんな洗い方がいいですか?

あとがき　*264*

第1章
「品質表示」って、何？

第1章では、服につけられる「品質表示」について説明します。服を販売するとき、あるいは買うときデザインや色、風合いばかりに気をとられがちで、品質表示などほとんど確認しないのではありませんか？ しかし品質表示にはどんな素材で作られ、どこの国で生産され、どんな取り扱い方をしなければいけないかなど、実はとても重要な情報が詰まっているのです。

服についている白い生地が邪魔……

お客:「洋服の脇部分の内側に小さな白い生地が縫い込まれているんです。邪魔なんで切り取ってもいいですか」
店員:「そうですよね！ 私もいつも思うんです。なんでこんな邪魔なものがついているのかって（笑） すみません。お手数ですがお客さまの方で切り取っていただけますか？」
店長:「今の電話、なに？」
店員:「お客さまが、洋服の脇部分の内側に小さな白い生地。邪魔だと言ってこられたので切り取ってくださいとお伝えしました」
店長:「白い生地って、もしかしたら品質表示のことじゃないの？」
店員:「品質表示って何ですか・・・」

【正しい対応方法】
お客:「洋服の脇部分の内側に小さな白い生地が縫い込まれているんです。邪魔なんで切り取ってもいいですか」
店員:「それは洋服の品質表示です。その洋服の取り扱いなどについての説明が書かれているものです。品質表示には、その洋服に使用されている生地がどんな素材で作られていて、どれぐらいの割合で使用されているか％で表示されています。また洗濯はどのようにすればいいのか絵で表現されています。絵で表現できない取り扱い方法があれば、文章でも書かれています。そのうえ、この表示をした責任者（会社）名や住所か電話番号が記載されています。表示通りに取り扱ったのに服に問題が発生した時はお客さまが直接連絡ができるようになっているのです。また、どこの国で作られたものなのか、という情報も記載されています」
お客:「えっ！ じゃぁ〜。大切なものなのね！」

店員：「ええ、ですから、切り取っていただいても問題ありませんが、お洗濯をするときや、クリーニング店に持ち込まれるときに、どんな取り扱いをすればよいのかわかるように、洋服と一緒に保管されることをお勧めします」

【ポイント】
　服を販売するときに今まで気にも留めなかった品質表示ですが、実はこの内容は服を着るうえでとっても重要なことが書かれています。
　洋服の場合はデザインや色、風合いばかりに気をとられがちで、どんな素材で作られているのか、洗濯はどのようにすればよいのか、どこの国で作られたものなのか、などわからないことが多いのではないですか。「品質表示」は、そんな目に見えない隠れた情報をしっかりと書いているものです。
　「品質表示」は家庭用品品質表示法という法律で必ず洋服に縫い付けなければいけないことになっていて、表示の方法や書き方まで決まっています。付け忘れたり表示ミスがあった場合は日本国内で販売することができなくなることがあります。これはお客さまに大切な洋服を正しくお取り扱いしていただくための重要な表示だからです。
　「品質表示」をつけなくてはならない品目は表1（21頁）を参照してください。
　こんな大切な「品質表示」。
　商品販売時にお客さまと一緒に品質表示を確認するのも、お客さまに商品をよくご理解いただくうえでの一つの販売方法だと思います。
　それでは品質表示について、もう少し詳しく説明しましょう。

Q 今、着ている洋服は何でできているのか？

A 品質表示が縫い込まれているのは、洋服など①に使っている素材の名称はすべて法律で決められた言葉で表示しなければならないからです。またそれぞれの素材の使用量を100分率で示す数値（混用率）で併記することが義務付けられています（組成表示）。

洋服に使われている素材は**表2**（22頁〜26頁）の「繊維の種類」に書かれてあるようなものが使われています。それを法律で定められた「指定用語」②で表示しなければなりません。

また、2017年4月1日より新しい指定用語で表示することになりました。

新しい表示方法（「指定用語」が変更されました）

改正された点をここにまとめておきます。
今までは指定用語以外の繊維名を使う場合は「指定外繊維」という用語を使用していました。2017年4月1日に施行された法律では「指定外繊維」の用語が廃止され次の分類名を用いて表示することになりました。
分類名＝「植物繊維」「動物繊維」「再生繊維」「半合成繊維」「合成繊維」「無機繊維」「分類外繊維」

（例1）　改正前　　　　　　　　　　改正後

| 指定外繊維（黄麻）70%
指定外繊維（リヨセル）30% | ⇒ | 植物繊維（黄麻）70%
再生繊維（リヨセル）30% |

あるいは

（例2）　改正前　　　　　　　　　　改正後

| 指定外繊維（テンセル）80%
ポリエステル　　　　　20% | ⇒ | 再生繊維（テンセル）80%
ポリエステル　　　　20% |

分類名で商標（その素材の商品名）を使用するときは「分類名（商標）」と表記します。

（例3） 合成繊維（テトロン）１００％

分類名しか判別できない場合は分類名を記載するだけでも問題はありません。

（例4） 再生繊維１００％

従来では「リネン」や「ラミー」は「麻」としか表示できませんでした。今回の法改正で「麻」という従来の表示のほかにリネンは「リネン」「亜麻」。ラミーは「ラミー」「苧麻」と品質表示ができるようになりました（ただしLinenやRamieといった英語表記はできないので注意してください）。

（例5） リネン１００％ （使用可）　　Linen １００％ （使用不可）

「毛」の場合は特に指定用語以外の繊維の名称を示す素材名または商標を（　　）書きで表記することができます。

（例6） 毛（ビキューナ）１００％

従来、指定用語とされていたプロミックス・ポリクラールという素材名を指定用語から削除されました。
表示したい場合は

（例7） 半合成繊維（プロミックス）１００％
　　　　合成繊維（ポリクラール）１００％

となります。

そのほか、合成皮革と人工皮革を分けて表示していたものを、判別が難しい製品は人工皮革であっても「合成皮革」と表示してもよいことになりました。

 そのほかに組成表示の表記方法に決まりはあるのですか？

はい。あります。
洋服に使われている素材は組成と言って使用量の多いものから順に％（パーセント）で表示することになっています（混用率）。

```
綿　60％
ポリエステル　40％
```

混用率の違う生地を使っているお洋服の場合は、違う生地を使っている部分に分けて、分けた部分ごとにそれぞれを100として混用率を示されることがあります。しかしその場合、どのように分けてもよいのですが、部分を示す文字はその部分をわかりやすく示すものでなければならないことになっています。

```
本体
綿 100％
衿部分
ポリエステル60％
レーヨン　　40％
```

特定の繊維を他の繊維に比べ大きな文字や太い文字で表示をしたり目立つように色を変えてはいけないことになっています。

表示してはいけない例

```
毛　60％
ポリエステル40％
```

第1章「品質表示」って、何？

あるいは

　ここでご紹介したもの以外にまだまだ細かい組成表示の決め事はたくさんあります③。
　なぜ、洋服に使われている繊維の表示にここまで厳しく色々なことが法律で決められているのでしょうか。
　指定用語以外の言葉を使用したり、繊維混用率が少ないのに上位に書いたり、字体や色を変えて目立たせたり表示すると、消費者に品質がとてもいいかのような誤解をさせてしまう危険がある④からです。これらの規定は消費者に見やすくわかりやすく、どんな素材が使われているかを的確に知らせることにより、安心して洋服を着てもらうためのものです。

現場からの質問　絵表示が変わっているが……

お客：「服についている取扱い絵表示が、今までのものと違うんですが」
店員：「あら？　そうですか？　ほんとうだ！　でも大丈夫だと思いますよ」
お客：「でも、家では洗濯機で洗えないってこと？」
店員：「桶のマークですね！　洗濯機では洗わない方が良いですね」
お客：「このＴシャツ、洗濯機で洗えないの？　そのほかのマークも教えてよ」
店員：「そもそも、この絵表示がおかしいですね。メーカーに返品して問い合わせてみます」
メーカー担当者：「取扱い絵表示は2016年12月1日販売分から変更になっています」

【正しい対応方法】

お客：「服についている取扱い絵表示が今までのものと違うんですが」

店員：「ええ、そうなんです！ 2016年12月から法律が改正されて、表示方法が変わったんです。今までは日本製品はJIS（日本工業規格）が決めている表示が付いていますが、外国製品と同じようにISO（国際標準化機構）が決めている表示へと切り替えられました」

お客：「どんなふうに変わったの？」

店員：「まず洗濯表示の考え方が変わりました。今、JISで決まっている洗濯表示は『家庭での洗濯等取り扱い方法について指示』するものでした。しかしISOが決めている洗濯絵表示の考え方は『回復不可能な損傷を起こすことのない最も厳しい操作に関する上限情報』です。今までの洗濯表示が『家庭での洗い方』を表示していたのに対し、ISOの表記は『プロのクリーニング業者も含めてその服が耐えられる最も強い洗い方』を表記することになっています」

お客：「それ、なんだかよくわからない。具体的に教えてよ」

店員：「大きな変更は4点です・・・」

【ポイント】

 絵表示の改正はいつからですか？具体的にどのように改正されたのですか？

 2016年12月以降、絵表示がグローバル化されました。
大きな変更は次の4点です。

①洗濯を表わす表示

　今の表示では洗濯機で洗う場合は「洗濯機」の絵表示が書かれています。しかし、国際規格では洗濯機でも手洗いでも「たらい」の絵表示になります。たらいの下に表示された横棒の本数で洗濯の強弱が示されます。横棒が多いほど力の加減を弱くすることを表します。手洗いの場合はたらいに手を

入れた表示になります。
② 乾燥の表示
　今の絵表示は「乾燥」については自然乾燥の表示だけで、洋服の絵を使用しています。そして平干しの場合は「平」、陰干しの場合は斜線が入っていました。しかし、国際規格では服の絵が廃止され「□」統一されました。その中に縦棒が入ると吊り干し、横棒が入ると平干しになります。棒が2本だと絞らないで干す「ぬれ干し」になります。乾燥機を使うタンブル乾燥も新しく加わります。
③ アイロンの表示
　アイロンの温度は「・」の数で表示されます。現行アイロンの絵の中に「低・中・高」と表示されていたものが「・」の数が多いほど高い温度となるのです。すなわち「・」が低温、「・・」が中温、「・・・」が高温というわけです。また今まであったあて布の絵表示はなくなりました。
④ クリーニングを意味する表示
　円形の中にアルファベットが表示された絵がクリーニングの印です。アルファベットは溶剤の種類やウェットクリーニングなど技術的なものを示すものなので、プロのクリーニング店の判断に任せれば問題はないと思います。

なぜ、絵表示が変更になったのか？

お客：「なぜ、こんな絵表示に変わったの？」
店員：「本当にそうですよね！　以前の表示のほうが日本語ではっきりと書かれていてわかりやすいと思います」

【正しい対応方法】
お客：「なぜ、こんな絵表示に変わったの？」

店員：「今のファッション商品は日本だけではなく、広く海外でも販売されています。また海外からもたくさんの商品が日本に輸入されています。今回、取り扱い絵表示が国際規格と同じような表示に変更されて世界中の方がわかりやすい絵表示に統一されたんです」

【ポイント】

たとえばあなたは、海外で買った服の洗濯表示がわからないということや、日本と海外の洗濯表示が両方ついているがどっちに従えばいいかわからない、といった経験がありませんか？

こういった問題は国際的な規格に統一すれば一気に解決するからなのです。

アパレル業界はグローバル化の波が押し寄せています。国内企業の製品ばかりではなく海外のアパレル品もたくさん輸入されています。世界各国で誰が見てもわかりやすい表示にすることが大切なことなのです

左：旧絵表示　右：新絵表示

新しく改正された絵表示は**表3**（27頁〜33頁）を参照してください。

今、着ている服はどのように取り扱えばいいのでしょうか？

 表3の新しい取り扱い絵表示を見てください。
取り扱い絵表示は、洗濯、クリーニングなどの取り扱い方法についての情報を表示記号（絵表示）を使って伝えるものです。

　この絵表示は家庭用品品質表示法という法律で定められたもので、表記の順番もやはり法律で定められています。

　正式な表示順序は次の通りです。
「洗濯処理」「漂白処理」「タンブル乾燥処理」「自然乾燥処理」「アイロン仕上げ処理」「ドライクリーニング処理」「ウェットクリーニング処理」の順に左から右に並べます。2列になっても構いませんがこの順番を変えてはいけないことになっています。

　なお絵表示は、通常は服から簡単に取れない方法（縫い込むなど）でラベルに織り出したり印刷したりして記載されています。また服に直接書いてもよいことになっています。
しかしその内容は、洋服が着られる間は読める状態でなければならないことになっています。

　当然、ラベルの材質も取り扱い方法どおりに使用していれば十分耐えられる材質であることが必要とされています。

　表現した絵表示やラベルは、消費者が見やすく縫い目などに隠れないように洋服に取り付けなければなりません。

　また取り扱い絵表示のほかに「付記用語」と言われるものがあります。付記用語は法律で定められた絵表示以外で、特に注意してほしい取り扱い情報が表示責任者（企業）の意思で書き込まれる情報です。絵表示とは違って文章で書き込まれています。通常は取り扱い絵表示の下段に書きこまれています。付記用語例は表4（33頁）を参照してください。

　製品に縫い付ける品質表示とは別に、ブランド下げ札とともに具体的な取り扱い方法を書いた下げ札が取り付けられていることがあります。取り

扱い注意下げ札といわれるものですが、いくつかの例文を**表5**に記載していますので参考にしてください。購入前に一度目を通すことも大切ですね。意外と取り扱いが難しい洋服だったり、自分が着たい場面では着用できない洋服だったりすることがあるかもしれません。

絵表示や付記用語、取扱注意下げ札のほかに「はっ水性」と表示されたものがお洋服に縫いこまれているときがあります。「はっ水性」の表示とは水をはじく性質があるか否かの表示です。特にコート類に表示することとなっていますが、レインコートなどはっ水性を必要とするコート以外は必ずしも表示する必要はありません。

ここで誤解してほしくないことは、「はっ水」とはあくまで水をはじくことで、水を全く通さない「防水」という意味ではないということです。はっ水性はあっても防水機能のない素材があるので注意してください。

 商品クレームはどこに言えばいいのですか？

品質表示には法律上⑤、表示者名を書かなくてはいけないことになっています。消費者からの品質内容の問い合わせやクレームに対して連絡が取れることが必要だからです。

そのために「表示者の氏名（名称）」と「住所又は電話番号」が明記されているんです。表示者名は、個人の場合はその人の氏名（フルネームであること、ニックネームや俗称は不可）、法人の場合は会社名（法人登録名）を書くことになっています。また消費者からの問い合わせに対して確実に連絡が取れるように住所、または電話番号が記載されているはずです。

組成表示、取り扱い絵表示にもそれぞれに表示者名が必要です。下げ札の組成表示が記載されている下段にも表示者名が載っています。

自分が着用していたお洋服を品質表示通りに取り扱ったにもかかわらず、問題が発生した場合はすぐに連絡を取って対応してもらえるようにしましょう。

表示者名　原産国表示　記載例

品質表示
表生地　コットン６０％
　　　　ポリエステル４０％
裏生地　キュプラ１００％

アイロンがけの際はあて布を使用してください
株式会社○○○○○○○
０３－１２３４－５６７８

イタリヤ製

 この服はどこで作られたのですか？

 原産国表示というものが書かれています。
原産国とはその商品の内容について実質的な変更をもたらす行為をした国のことを言います。

　たとえば、お洋服や帽子は縫製した国、靴下は編み立てをした国といったものです。

　日本製であれば「国産」や「日本製」または日本の企業名、たとえば「○○（株）製造」や「製造者○○（株）」と書かれます。また生地がイタリヤ製で縫製が中国の場合は、「中国製」「ＭＡＤＥ　ＩＮ　ＣＨＩＮＡ」あるいは「イタリヤ製生地を使用し、中国で縫製されたものです」などの表示が書かれているはずです。表示する際は見やすく（同一視野内、文字を目立つように）する必要があると決められています⑥。

ただし、原産国表示は絶対につけなくてはいけないと法律で義務付けられ

ているわけではありません。一般消費者が国産品なのに海外製品と思ってしまったり、逆に海外製品を国産品と間違う可能性がある商品について、原産国がわかるようにはっきりと表示していないことを禁じているものです。

①表1を参照
②表2を参照
③家庭用品品質表示法　表示事項　繊維の組成　参照
④不当景品類及び不当表示防止法　商品及び役務の取引に関連する過大な景品付販売や虚偽誇大な表示によって一般消費者の適正な商品選択が阻害されることを効果的に防止する為、独占禁止法の特例法として公正な競争を確保し、もって一般消費者の利益を保護することを目的に、景品類の制限及び禁止、不当な表示の禁止、公正競争規約制度等によって規定している法律である。－公正取引委員会：昭和37年制定－
不当表示の禁止（法第4条）
不当表示として禁止されているのは次の3つの表示である。
ⅰ 優良誤認－商品の内容についての不当表示－
　・商品又は役務の品質、規格その他の内容について、実際のものより著しく優良であると一般消費者に誤認される表示
ⅱ 有利誤認
　・商品又は役務の価格その他の取引条件について、実際のものより取引方に著しく有利であると一般消費者に誤認される表示
ⅲ 公正取引委員会が指定する不当表示
　・商品の原産国に関する不当な表示
　・おとり広告
　・無果汁の清涼飲料水等の表示
　など5つがある
⑤家庭用品品質表示法
⑥不当景品類及び不当表示防止法（公正取引委員会）

表1 品質表示をしなければいけない項目

1	糸
2	織物、ニット生地、レース生地（上記1に掲げる糸を製品の全部又は一部に使用して製造したものに限る。）
3	コート
4	セーター
5	シャツ
6	ズボン
7	水着
8	ドレス及びホームドレス
9	ブラウス
10	スカート
11	事務服及び作業服
12	上衣
13	子供用オーバーオール及びロンパース
14	下着
15	寝衣
16	羽織及び着物
17	靴下
18	手袋
19	帯
20	足袋
21	帽子
22	ハンカチ
23	マフラー、スカーフ及びショール
24	風呂敷
25	エプロン及びかっぽう着
26	ネクタイ
27	羽織ひも及び帯締め
28	床敷物
29	毛布
30	膝掛け
31	上掛け
32	布団カバー
33	敷布
34	布団
35	カーテン
36	テーブル掛け
37	タオル及び手拭い
38	ベッドスプレット、毛布カバー及び枕カバー

表2　植物繊維

分類	繊維等の種類		指定用語（表示名）
植物繊維	綿		綿 コットン COTTON
	麻	亜麻	麻 亜麻 リネン
		苧麻	麻 苧麻 ラミー
	上記以外の植物繊維		「植物繊維」の用語にその繊維の名称を示す用語又は商標を括弧を付して付記したもの （ただし、括弧内に用いることのできる繊維の名称を示す用語又は商標は一種類に限る。）

表2　動物繊維

分類	繊維等の種類		指定用語（表示名）
動物繊維	毛	羊毛	毛 羊毛 ウール WOOL
		モヘヤ	毛 モヘヤ
		アルパカ	毛 アルパカ
		らくだ	毛 らくだ キャメル
		カシミヤ	毛 カシミヤ
		アンゴラ	毛 アンゴラ
		その他のもの	毛
		「毛」の用語にその繊維の名称を示す用語又は商標を括弧を付して付記したもの（ただし、括弧内に用いることのできる繊維の名称を示す用語又は商標は一種類に限る。）	
	絹		絹 シルク SILK
	上記以外の動物繊維		上記以外の「動物繊維」の用語にその繊維の名称を示す用語又は商標を括弧を付して付記したもの（ただし、括弧内に用いることのできる繊維の名称を示す用語又は商標は一種類に限る。）

表2　再生繊維＆半合成繊維

分類	繊維等の種類		指定用語（表示名）
再生繊維	ビスコース繊維	平均重合度が四百五十以上のもの	レーヨン RAYON ポリノジック
		その他のもの	レーヨン RAYON
	銅アンモニア繊維		キュプラ
	上記以外の再生繊維		「再生繊維」の用語にその繊維の名称を示す用語又は商標を括弧を付して付記したもの（ただし、括弧内に用いることのできる繊維の名称を示す用語又は商標は一種類に限る。）
半合成繊維	アセテート繊維	水酸基の九十二パーセント以上が酢酸化されているもの	アセテート ACETATE トリアセテート
		その他のもの	アセテート ACETATE
	上記以外の半合成繊維		「半合成繊維」の用語にその繊維の名称を示す用語又は商標を括弧を付して付記したもの（ただし、括弧内に用いることのできる繊維の名称を示す用語又は商標は一種類に限る。）

表2　合成繊維

分類	繊維等の種類		指定用語（表示名）
合成繊維	ナイロン繊維		ナイロン NYLON
	ポリエステル系合成繊維		ポリエステル POLYESTER
	ポリウレタン系合成繊維		ポリウレタン
	ポリエチレン系合成繊維		ポリエチレン
	ビニロン繊維		ビニロン
	ポリ塩化ビニリデン系合成繊維		ビニリデン
	ポリ塩化ビニル系合成繊維		ポリ塩化ビニル
	ポリアクリルニトリル系合成繊維	アクリルニトリルの質量割合が八十五パーセント以上のもの	アクリル
		その他のもの	アクリル系
	ポリプロピレン系合成繊維		ポリプロピレン
	ポリ乳酸繊維		ポリ乳酸
	アラミド繊維		アラミド
	上記以外の合成繊維		「合成繊維」の用語にその繊維の名称を示す用語又は商標を括弧を付して付記したもの（ただし、括弧内に用いることのできる繊維の名称を示す用語又は商標は一種類に限る。）

表2 無機繊維

分類	繊維等の種類	指定用語（表示名）
無機繊維	ガラス繊維	ガラス繊維
	金属繊維	金属繊維
	炭素繊維	炭素繊維
	上記以外の無機繊維	「無機繊維」の用語にその繊維の名称を示す用語又は商標を括弧を付して付記したもの（ただし、括弧内に用いることのできる繊維の名称を示す用語又は商標は一種類に限る。）
羽毛	ダウン	ダウン
	その他のもの	フェザー その他の羽毛
分類外繊維	上記各項目に掲げる繊維以外の繊維	「分類外繊維」の用語にその繊維の名称を示す用語又は商標を括弧を付して付記したもの（ただし、括弧内に用いることのできる繊維の名称を示す用語又は商標は一種類に限る。）
	備考 左欄の分類が明らかで、かつ、種類が不明である繊維については、その繊維の名称を示す用語又は商標を省略することができる。 ※ 複合繊維の名称を示す場合には、「複合繊維」の用語の後に1種類以上のポリマーの名称を示す用語等（ポリマーの名称が前の表の右欄に掲げる指定用語に当たる場合はその指定用語を、それ以外の場合は複合繊維の名称を示す商標又はポリマーの名称を示す用語）を表示する	

表3　洗濯処理

記号	記号の意味
⌴95	液温は95度を限度とし、洗濯機で洗濯ができる
⌴70	液温は70度を限度とし、洗濯機で洗濯ができる
⌴60	液温は60度を限度とし、洗濯機で洗濯ができる
⌴60_	液温は60度を限度とし、洗濯機で弱い洗濯ができる
⌴50	液温は50度を限度とし、洗濯機で洗濯ができる
⌴50_	液温は50度を限度とし、洗濯機で弱い洗濯ができる
⌴40	液温は40度を限度とし、洗濯機で洗濯ができる

表3　洗濯処理

記号	記号の意味
⌶40⌷	液温は 40 度を限度とし、洗濯機で弱い洗濯ができる
⌶40⌷ (二本線)	液温は 40 度を限度とし、洗濯機で非常に弱い洗濯ができる
⌶30⌷	液温は 30 度を限度とし、洗濯機で洗濯ができる
⌶30⌷ (一本線)	液温は 30 度を限度とし、洗濯機で弱い洗濯ができる
⌶30⌷ (二本線)	液温は 30 度を限度とし、洗濯機で非常に弱い洗濯ができる
手洗い記号	液温は 40 度を限度とし、手洗いができる
✕印	家庭での洗濯禁止

表3　漂白処理

記号	記号の意味
 △	塩素系及び酸素系の漂白剤を使用して漂白ができる
 (三角に斜線)	酸素系漂白剤の使用はできるが、塩素系漂白剤は使用禁止
 (三角に×)	漂白処理はできない

表3　タンブル乾燥

記号	記号の意味
 (四角に円、点2つ)	タンブル乾燥ができる（排気温度上限80度）
 (四角に円、点1つ)	低い温度でのタンブル乾燥ができる（排気温度上限60度）
 (四角に円、×)	タンブル乾燥禁止

表3　自然乾燥

記号	記号の意味
□(縦線)	つり干しがよい
□(斜線+縦線)	日陰のつり干しがよい
□(縦二重線)	ぬれつり干しがよい
□(斜線+縦二重線)	日陰のぬれつり干しがよい
□(横線)	平干しがよい
□(斜線+横線)	日陰の平干しがよい
□(横二重線)	ぬれ平干しがよい
□(斜線+横二重線)	日陰のぬれ平干しがよい

表3　アイロン仕上

記号	記号の意味
(アイロン・点3つ)	底面温度200度を限度としてアイロン仕上げができる
(アイロン・点2つ)	底面温度150度を限度としてアイロン仕上げができる
(アイロン・点1つ)	底面温度110度を限度としてアイロン仕上げができる スチームなしでアイロン仕上げ
(アイロン×印)	アイロン仕上げ処理はできない

表3　ドライクリーニング

記号	記号の意味
Ⓟ	パークロロエチレン及び石油系溶剤によるドライクリーニングができる
Ⓟ̲	パークロロエチレン及び石油系溶剤による弱いドライクリーニングができる
Ⓕ	石油系溶剤によるドライクリーニングができる
Ⓕ̲	石油系溶剤による弱いドライクリーニングができる
⊗	ドライクリーニング禁止

表3 ウエットクリーニング

記号	記号の意味
 Ⓦ	ウエットクリーニングができる
 Ⓦ (下線1本)	弱い操作によるウエットクリーニングができる
 Ⓦ (下線2本)	非常に弱い操作によるウエットクリーニングができる
 Ⓦ (×印)	ウエットクリーニング禁止

表4 付記用語（例）

クリーニングの際はネットに入れてください。
洗濯の際は中性洗剤を使用してください。
弱く絞ってください。
アイロンをかける際はあて布をしてください。
もみ洗いは避けてください。
濡れたまま長時間放置したり、漬け置き洗いはお避け下さい。
ボタンを取り外して洗ってください。
スチームアイロンは使用しないでください。
シャーリング部分には直接アイロンを当てないでください。
プリント部分への直接アイロンはお避け下さい。

表5　取り扱い注意下げ札（例）

ニット製品
取り扱い上の注意

1. 家庭洗濯をされる時は液晶 30°C の洗液で、単独で洗いをおこない脱水後、形を整えてから日陰干しをしてください。
2. 長時間洗液に浸しておいたり、濡れたまま、放置しますと色泣きしたり、変色を起こします。
3. ニット商品は洗濯によって収縮をおこします。特に家庭用乾燥機を使用しますと、異常収縮を起こす危険がありますのでお避けください。
4. 洗濯、乾燥後のアイロン仕上げは収縮部分を伸ばして、形を整えながらセットしてくだい。

シワ加工
取り扱い上の注意

1. この商品は生地の光沢をより美しく、そして自然についたシワのように見せるため、特別のシワ加工をしております。
2. このシワは熱や樹脂加工により完全にセットしたものではありませんので、御着用中に新しいシワができたり、またアイロンを掛けますと、シワが消失したりいたします。
3. クリーニングに出される時は、クリーニング店にシワ加工であることをお伝えください。

生成り、淡色製品
取り扱い上の注意

この商品の洗濯の際は、蛍光増白剤の入っていない洗剤をご使用ください。蛍光増白剤入りの洗剤をご使用になりますと、蛍光剤が製品にのり、全体的に白っぽくなることがあります。

ポリウレタンコーティング製品
取り扱い上の注意

この製品は、ポリウレタン樹脂をコーティングした生地を使用しており、独特な光沢と風合いを持っています。お取り扱いには次の点にご注意ください。

1. ベルトやバッグなどによる過度な摩擦はお避けください。光沢の消失やコーティングはく離の原因になります。
2. ポリウレタン樹脂は、時間経過による劣化（経時変化）が起こり、コーティングはく離や黄変する恐れがあります。保管方法はできるだけ乾燥状態で、光をさけて保管し、時々風通してください。

ベロア製品
取り扱い上の注意

この製品は、特有な光沢や風合いをもったベロア生地を使用しております。
大変デリケートな性質があり、着用中の摩擦により下着などに毛羽が付着することがありますが、外観への影響はありません。下着などに付いた毛羽はブラッシングで簡単にとれます。

水　着
取り扱い上の注意

1. すべり台、プールサイドなどでの強い摩擦は毛羽立ち、すり切れの原因となりますので、ご注意ください。
2. 日焼け用オイルを使用した場合、念入りに洗ってください。オイルがついたまま保管すると、水着の生地やゴム部分のいたみを早める原因になります。
3. 乾燥機等の使用は避け、形を整え自然乾燥でお願いします。

第2章
洗濯とクリーニングの知識

　ふだん何気なくしている洗濯ですが、実はこの洗濯にも色々なノウハウがあります。また、季節の変わり目などによく利用するクリーニング店でのクリーニング。みなさんは、家で洗う服とクリーニング店に出さなければならない服をなにを基準に分けていますか？　なぜワザワザお金を支払ってまで洗濯をしてもらうのでしょうか？　意外と知らなかった「洗濯」と「クリーニング」に関して解説したいと思います。

この服って家で洗えるのかな……

お客:「このブラウス、かわいい！」
店員:「ありがとうございます。この商品はすごく人気があるデザインなんですよ」
お客:「そうなの！　やっぱりね！！　だけどこの服、家で洗えるの？」
店員:「私もよく似たデザインのものを持っていますが、いつも洗濯機で洗っています」
お客:「わかったわ！　じゃ〜、これいただくわ！！」
店長:「お客さま、申し訳ございません。今一度、取り扱い絵表示をご確認いたします」
店員:「取り扱い絵表示って何ですか・・・」

【正しい対応方法】
お客:「この服、家で洗えるの？」
店員:「取り扱い絵表示を見てみますね。🖐 このような洗濯の絵表示が書かれていますので、ご家庭で手洗いしていただくことができますよ」
お客:「手洗い？　洗濯機で洗えるってことでしょ！」
店員:「洗濯機で洗うことは避けて下さい。手洗いをしていただくことで大切な洋服をいつまでも気持ちよく着ていただくことができると思います」

【ポイント】
　🚫 の表示が付いている服の場合、水洗いはできません。家で洗濯をするのは避けましょう。
　たとえば 🖐 の表示が付いた服の場合は、次のような洗濯をお勧めします。
①まず、濃い色と淡い色の服を分けます。一緒に洗うと、淡色のものに濃

色が色移りすることがあるからです。

②大き目の洗面器を用意してください。小さな洗面器で洗濯物を洗うと生地が揉まれたりこすられたりして毛羽立ちが生じ、白っぽくなることがあります。

⊠とある場合は、洗濯機で洗うことは避けてください。洗濯機の場合、数回では問題ないかもしれないのですが、回数を重ねるうちに縮みや毛羽立ち、形態変化といった問題が発生するかもしれません。⃞40 という表示がついている場合は、「洗濯液の温度は40度を限度として洗濯機で非常に弱い洗濯ができる」という意味です。洗濯ネットに入れて弱水流で洗うことも可能です。

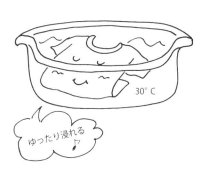

③洗面器に40℃までの水温のお湯①と洗剤をよく混ぜて溶かします。

　このとき、服を入れて洗剤や水を直接かけてはいけません。なぜなら水道水には殺菌消毒のために塩素が入っていて、服を脱色させる原因になります。特に長期間旅行などに行ったあと、帰宅直後に水道水を使って洗濯することは危険です。なぜなら、蛇口付近にたまっていた水道水は特に塩素の濃度が高くなっていることがあり、それが服に直接かかると色ムラになる可能性が高いからです。

　また洗剤にも注意が必要です。一般に市販されている合成洗剤②には蛍光増白剤という薬品が入っていることが多いのです。蛍光増白剤とは、簡単に言うと色を白く見せる染料です。合成洗剤を直接服に振りかけ水を入れると、その蛍光増白剤が服にムラ付きし、色ムラになる危険性があります。

　水道水による脱色は修正が不可能です。また蛍光増白剤による色ムラはプロのクリーニング店でも修正が難しいので、十分に注意してください。

④2～3分押し洗いをします。洗濯機で洗う場合も時間は同じです。このとき、洗濯物を揉んだり、こすったりしないようにします。揉んだりこすったりすると、生地が毛羽立ち、白っぽくなってしまうことがあるからです。

⑤すすぎ洗いも本洗いの時と同じ水温で押し洗いをしてください。蛇口から出る水道水を直接、洗濯物にかけないように注意しましょう。

　洗剤分は2回程度すすぎ洗いを繰り返せば除去できると思います。

　洗濯機ですすぐ場合は、溜めすすぎをお勧めします。手洗いですすぐ時と同様に洗濯液を排水した後注水し、洗濯槽に水をためた状態で2～3分すすぎます。

そのあと排水し、再度注水、貯水、すすぎを繰り返すというものです。
　水道水が注水されると同時に排水される流水すすぎという方法がありますが、これは避けましょう。新しく塩素が入った水がどんどん注水され、それで洗濯物がすすがれるため退色の原因になります。
⑥特に濃淡の配色商品を漬け置き洗いすることは避けてください。濃色部分から淡色部分に色がにじみだす危険性があります。

洗剤はどんなものがいいの……

お客：「お家で洗濯する場合はどんな洗剤を使えばいいの？」
店員：「洗剤ですか？　あまり気にしなくてもいいと思います。最近は匂いがいいものとかいろいろありますから、お客様のその時のご気分で選ばれればいかかでしょうか！」
お客：「そうだよね。そんなこと気にしなくても大丈夫なんだ」
店員：「洗剤なんか何を使っても同じですよ」

【正しい対応】
お客：「お家で洗濯する場合はどんな洗剤を使えばいいの？」
店員：「お待ちくださいね。取り扱い絵表示の下の付記用語に『中性洗剤をご使用ください』って書かれていますね。洗濯に使われる洗剤にはいろいろな種類があるんですが、この服は中性洗剤といって一般的に『おしゃれ着洗い用』と書かれている洗剤をご使用ください」

【ポイント】
　洗濯に使われる洗剤には洗濯用せっけんや合成洗剤があります。合成洗剤には弱アルカリ性のものと中性のものがあり、弱アルカリ性の洗

剤は中性洗剤より衣類の汚れを落とす力が強いですが、一方で衣類に与える影響も強くなります。白さを際立たせるために蛍光増白剤入りが多いというのも特徴です。

そこで、綿や麻、ポリエステル、ナイロンなどの素材の普段着の衣類を洗濯するときに使うとよい洗剤です。

取り扱い絵表示の下などに書かれている付記用語に「中性洗剤を使用」などの表現がある場合は中性洗剤を使って洗いましょう。

中性洗剤は弱アルカリ性洗剤に比べると若干洗浄力は落ちるのですが、衣類に与える影響は少なく、蛍光増白剤も入っていないものが多いです。そこでデリケートな素材のおしゃれ着などを家庭で洗濯するときに適しています。

洗剤を使うときには、パッケージに「中性」「弱アルカリ性」や「蛍光増白剤入り」「無蛍光洗剤」といった表示があるので、それを必ず確認して素材やデリケートさに適した洗剤を用いることが必要です。

素材やデリケートさに合わせて洗剤を使い分ける

漂白って何なの……

お客：「☒ この表示はいったいなんなの？」
店員：「漂白をしてはいけないという表示です」
お客：「漂白って何なの？」
店員：「それはですね・・・色を白くする薬品です」

お客「洗剤の中に蛍光増白剤っていう、色を白くするものが入っているって言ってたわよね。✖︎のマークがついていたら洗えないってこと」
店員：「あれっ！ 本当ですね！！ すみません。表示が間違っているのかな？」
店長：「お客さま。洗剤に入っている蛍光増白剤と漂白剤とは全く違うものでございます」

【正しい対応方法】
お客：「洗剤の中に蛍光増白剤っていう、色を白くするものが入っているって言ってたわよね。✖︎のマークがついていたら洗えないってこと」
店員：「洗剤に入っている蛍光増白剤と漂白剤とは全く違うものです。漂白剤は色を白くする薬剤ですが、蛍光増白剤は繊維に染まりついて色が白くなったように見える染料です。ですから通常の洗剤でお洗濯していただいて問題ありません。洗濯前に水と洗剤をよく混ぜて服を洗っていただければ色むらになることはないと思います。ただし漂白剤のご使用はお避け下さい」

【ポイント】
　漂白剤は色を白くする薬剤です。蛍光増白剤と違う点は、蛍光増白剤は繊維に染まりついて色が白くなったように見える染料なのに対して、漂白剤は色を分解して白くします。髪の毛の色を抜くときに「ブリーチ」という言葉を使いますね。漂白＝ブリーチです。「脱色させて白くする」というと、分かりやすいと思います。
　✖︎という表示が付いている場合は「漂白剤の使用は禁止」です。
　家庭用漂白剤には塩素系漂白剤③と酸素系漂白剤④があります。
　一般的に塩素系漂白剤の方が脱色能力が高く、白いワイシャツなどに付いた洗濯しても落ちない汚れやシミもかなりきれいに脱色することができます。また、除菌効果も高いです。

「塩素系漂白剤」は、毛、絹、ナイロン、アセテート、ポリウレタンなどの服には、黄色く変色（黄変）してしまうので使わないでください。また色物や柄物、金属製のファスナーやボタン、ホックがついた服にも使用禁止です。

　色物や柄物の服に塩素系漂白剤の原液がつくと、完全に色が抜けてしまい真っ白になってしまうことがあります。また金属製のものは腐食して錆びてしまうことがあるので注意しましょう。

　この絵表示は「酸素系漂白剤」の使用ができるという意味です。一般的に酸素系漂白剤は塩素系漂白剤に比べ脱色能力が弱く、色物や柄物の色を完全に抜くことはありません。色や柄を鮮やかに見せるために使用することがあります。また、必ずパッケージなどに書かれている説明書をよく読んでから使用しましょう。

　また △ の表示は塩素系・酸素系のどちらの漂白剤も使用できるという意味です。

現場からの質問　本日、快晴！　絶好の洗濯日和！

お客：「最近雨が多くて、お洗濯が大変なのよ。洗濯物をお部屋に干さなくてはいけないし、ジメジメして乾かないし、いやな臭いがするし」
店員：「本当に大変だと思います。私なんかこんな仕事していますから、お天気の良い休みの日は洗濯日和。まとめてお洗濯して南側の日当たりのよいベランダで思い切り太陽に当てて乾かすんですよ。雨が降るとコインランドリーの乾燥機で一気に乾かしちゃいます」
お客：「そうね！　天気が良ければ日に当てて乾かすのが最高ね！　コインランドリーの乾燥機もいいけど、家には回転式の熱乾燥機があるからそれを使うかな・・・でも、電気代がバカにならないのよね」

店員:「でも、家に回転式の熱乾燥機があるのならそれは最高ですね。うらやましいです!」
店長:「お洗濯の後の干し方で洋服の傷み方が違うから、お客さまに気を付けていただけるようにお話しして」
店員:「えっ!そうなんですか!!」

【正しい対応方法】
お客:「最近雨が多くて、お洗濯が大変なのよ。洗濯物をお部屋に干さなくてはいけないし、ジメジメして乾かないし、いやな臭いがするし」
店員:「取り扱い絵表示には干し方も書いてありますよ。☒ この表示は家で乾燥機にかけてはいけないというマークです。コインランドリーやご家庭の回転式の熱乾燥機で乾燥すると縮んだり風合いが変わったりするんで、回転式の熱乾燥機には絶対にかけないでください。
お客「あら、そうなの?」
店員:「⧄ この表示は日陰で吊り干しができるという表示です。お色がきれいなものや白い服は日に焼けることがありますからご注意くださいね。部屋干し以外でしたら雨のかからない風通しの良い日陰の場所を探してみてください。風通しが良いといやな臭いも発生しにくいですよ」

【ポイント】
　天気のいい日は洗濯日和と言われます。洗濯物がカラリとよく乾くからでしょう。確かにジメジメして湿度が高いと洗濯物が乾きにくく、いやな臭いがすることもあります。
　でも、直射日光に当てて洗濯物を干すのはちょっと待ってください。
　漢字で「サラシ」という字は「晒し」と書きます。この字から見ると、大昔は色を抜く(漂白=さらす)時には日差しの強い西日に当てていたのではないでしょうか。
　このように、直射日光の光は服の色を抜いたり変色させることがありま

す。洗濯後の乾燥中の衣類、特に白物や淡色物は、一方向から光を浴び続けるので注意が必要です。また、毛や絹、ナイロン製品は日光の影響で黄色く変色（黄変）しやすい性質があります。

特に☐といった絵表示が付いているときは太陽に直接当てて乾かすことを避け、風通しの良い日陰や室内で乾燥させてください。

 ☐のマークには注意!!

お客：「こんなざっくり編まれたセーター。お家で洗濯したら変形したり伸びたりしないの？」
店員：「大丈夫ですよ！　普通に日陰で干してください」
お客：「そうなの！　ほかの洗濯ものと一緒に日陰で干すだけでいいの？」
店員：「はい、大丈夫だと思うんですけど…」
店長：「このセーターは日陰で平干ししていただくようにおすすめしてね！」
店員：「平干し、って何なんですか？　どうすればいいんですか？」

【正しい対応方法】
お客：「こんなざっくり編まれたセーター。お家で洗濯したら変形したり伸びたりしないの？」
店員「取り扱い絵表示に☐といった表示が付いていたり、絵表示の下などに書かれている付記用語に『弱く絞ってください』などの表記があるセーターは、軽く絞っていただいて、平らな場所に形を整えて干してください。

【ポイント】
　素材によっては、家庭での水洗いによる洗濯で縮んでしまったり伸びてしまうことがあります。脱水時や乾燥時の取り扱いが原因ということもあ

ります。

　特に、☐といった表示が付いていたり、取り扱い絵表示の下などに書かれている付記用語に『弱く絞ってください』などの表記がある場合は要注意です。これは絞り方や干し方で変形したり伸びてしまう製品につけられる取り扱いだからです。

　取り扱い絵表示の下などに書かれている付記用語に『弱く絞ってください』などの表記がある場合はねじり絞りは避けて、タオルの間に挟んで軽く水分を除くか、洗濯機の遠心脱水機を使う場合はきれいにたたんで30秒〜1分足らずの脱水時間で終了しましょう。

　またざっくり編まれたセーターなどは☐の表示が付いているものが多くあります。このような製品の場合は、すのこや台の上にバスタオルを敷き、セーターの形をサイズに合わせて整えて干すことをおすすめします。

　洗濯の前に各部の寸法を採寸しておきメモを取っておくと便利です。

　洗濯物を干す適当な台や場所が見つからない場合は物干し竿を2〜3本並べてその上にタオルを敷いて干したり、二つ折りにして竿にかけるなど、できるだけ洗濯物にテンション（重力の影響）がかからないように干してください。

ハンガーにかけての吊り干は、変形や伸びの原因になりますから注意してください。

アイロンの温度に注意!!

【アイロンの温度に注意】
お客：「この服って、普通にアイロンがけできるの？」
店員：「大丈夫ですよ！　普通に当ててください」
お客：「私って、アイロンがけが苦手なのよね。この前シワが泣かな伸びなくてか困ったわ」
店員：「そうなんですね。実は私もあまり得意ではなくって、できるだけアイロンがけをしなくていいような服を選ぶようにしています」
お客：「あら、あなたもそうなの！　この服もアイロンがけが難しそうね！」
店員：「大丈夫だと思うんですが…」

【正しい対応方法】
お客:「私って、アイロンがけが苦手なのよね。この前シワがなかなか伸びなくて困ったわ」
店員:「そうなんですね。実は洋服に使われている素材によってアイロンを充てるときの温度って違うんです。温度が低すぎるとシワが伸びなかったり、高すぎると服の表面がテカったり、服が溶けたりすることもあります」
お客「えっ！　服に使われている素材によってアイロンの温度が変わるの？」
店員:「そうなんです。取り扱い絵表示を見てください…」

【ポイント】
アイロンがけは温度、水分、押える力、かける時間などで違いが出ます。
　アイロンをかける前に、まず取り扱い絵表示を必ず確認しましょう。

これらの絵表示がある服は、直接アイロンを当てても構いませんが、温度には注意してください。
　また、取り扱い絵表示の下などに書かれている付記用語に『アイロンがけの際はあて布を使用』などの表記がされている場合は、テカリ⑤を防止するための「当て布」（白いハンカチなど）を服の上に広げて平らにのせ、その上から、表示された温度でアイロンをかけます。

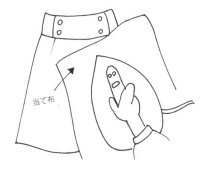

047

取り扱い絵表示に書かれているアイロン温度は、その服に使われている素材によって変化します。指示されているアイロン温度と違った温度でアイロンがけをすると、縮んだり⑥溶けたり⑦、テカリやアタリ⑧の原因になったり、逆にアイロンが効かなくてシワが伸びないことがあります。

　素材とアイロンの適正温度の関係は次のとおりです。
☆綿、麻１００％　あるいは綿麻合わせて１００％の服の場合
　　アイロンの底面温度を２００℃を限度として当ててください。

☆毛、絹、ポリエステル、ナイロン、レーヨン、ポリノジック、キュプラ、などが入っている服の場合
　　アイロンの底面温度を１５０℃を限度として当ててください。

☆アクリル、アセテート、ポリウレタンなどが入っている服の場合
　　アイロンの底面温度を１１０℃を限度として当ててください。スチームなしでアイロン仕上げをしてください。

☆この絵表示が付いている服は、温度の高低、当て布の有無に関係なくアイロンがけができません。

　ただし取り扱い絵表示の下などに付記用語として「スチームで浮かしアイロン」などの表記がある場合はアイロンごてを生地に直接当てないで、２cmほど浮かして蒸気だけを服に当てます。
　「スチームで浮かしアイロン」の表示は、ベルベットや別珍、コーディロイなどの起毛（毛羽が立っている）服に付いていることが多くあります。これらの生地は直接アイロンを当てることで表面の毛羽が倒れて、光沢の変化が発生することがあるからです。

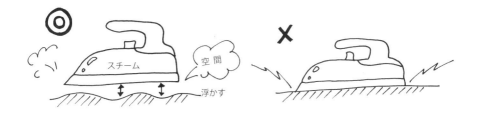

 今着ている服をクリーニングに出したい

お客：「今着ている服をクリーニングに出したいんだけど、どんなクリーニング店がいいの？」
店員：「ご自宅の近くのクリーニング店に出されればいいと思いますよ」
お客：「でも、この服、いつまでも大切に着たいのよ。自宅近くのクリーニング店で本当に大丈夫？」
店員：「クリーニング店はどこも一緒です。私なんかできるだけ値段が安くて速く仕上げてくれるお店を探しています」
店長：「クリーニング店にクリーニングをご依頼される際は、大切な服と普段使いの服は分けて、お店を選ばれたほうがいいですね」
店員：「えッ！　そうなんですか？」

【正しい対応方法】
お客：「今着ている服をクリーニングに出したいんだけど、どんなクリーニング店がいいの？」
店員：「先日、お買い上げいただいたものですね。大切に着ていただいてありがとうございます。一言でクリーニング店といっても、いろいろなところがあります。大切にしたい洋服なら多少お値段は高くても、丁寧に洗ってくださるクリーニング店をお勧めします」

【ポイント】
　どんなクリーニング店でもトラブルが起こることがあります。クリーニング店にまかせっきりにしないで、出すときに以下の点をチェックしましょう。

クリーニングに出す前に…。
①破れている個所やほつれはないですか。そのまま出すとさらに傷が大きくなって返ってくることがありますので、傷が見つかった場合は修理してから出しましょう。特に取れそうなボタンがあればしっかりとつけ直しておきましょう。
②ポケットの中に忘れ物はないですか。
③シミの個所や種類をチェックし、いつ、何で付いたシミかをクリーニング店にしっかり伝えましょう。
④高価なボタンやデリケートなボタンはその旨をクリーニング店に伝えましょう。
⑤スーツやアンサンブルは別々に出すと色相が変わることがあります。必ず一緒に出しましょう。

どんなクリーニング店をお勧めするか…
　大切な服だからこそ、それを洗ってくれるクリーニング店も慎重に選びたいもの。価格の安さだけにとらわれず、技術力の高い信用のあるクリーニング店に出しましょう。
　すぐれたクリーニング店を見極める指標は次のようなものです。
①受付でしみや汚れなどについてしっかりチェックをしてくれる
②依頼主の注文をしっかりと伝票に書き込む
③新素材などに関する商品知識が高い
④ファッショントレンドをよく理解している
⑤服の取り扱いが丁寧で、事故が発生した時、責任ある対応をする店

⑥店内が清潔で活気がある
⑦ご近所の評判が良い
などです。
　またクリーニング代はケチらないこと。そしてゆっくりと丁寧にやってもらいましょう。
　スピードクリーニングや低料金はクリーニングは、普段着にはそれなりのメリットがありますが、高価な服、素材や仕様がデリケートな服、大切にしたい服を出すについては注意が必要です。
　したがって服のレベルやランクによってクリーニング店を使い分けるというのも1つの方法です。

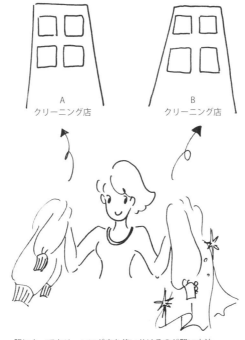

服によってクリーニング店を使い分けるのが賢い方法

ドライクリーニングで落ちない汚れがある……

お客:「クリーニング店に出せばどんな服でもきれいになるはずよね?」
店員:「そうですね。クリーニング屋さんはプロですからどんな汚れでも落としてくれますよ」
お客:「でも、この前、クリーニングに出したとき落ちていない汚れがあったんだけど」
店員:「えっ! そんなことがあったんですか!」
店長:「ドライクリーニングだけでは落ちない汚れがあるのよ」
店員:「ドライクリーニングに出せば、すべて汚れは落ちると思っていました」

【正しい対応】
お客:「クリーニング店に出せばどんな服でもきれいになるはずよね?」
店員:「ドライクリーニングだけでは落ちない汚れがあるんです。そんな時はクリーニングに出される際に、どんな汚れでいつついたものかなど、クリーニング店にお伝えください。その汚れにあった洗濯やシミ抜きをしてくれると思います」

【ポイント】
　ドライクリーニングとは水洗いができない服⑨を、水を使わないで洗濯する方法です。水を使わないことから「ドライ」と呼ばれるのです。
　では水を使わないで何で洗うのでしょうか。それは有機溶剤と言われるもので、マニキュアを落とすときに使われる除光液(アセトン)やシンナーなどが代表的です。

ドライクリーニングで使用される溶剤は主にパークロロエチレン、石油系溶剤と言われる2種類です。
　2種類の溶剤の違いは

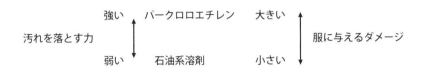

ドライクリーニングの絵表示には以下のようなものがあります。

Ⓟ この表示はどちらの溶剤を使って洗っても問題ないという表示です。

Ⓟ こちらの表示はドライクリーニングの際は石油系溶剤を使用することを意味しています。つまりパークロロエチレンで洗うと服が傷んでしまう恐れがあるということを伝えているのです。
　デリケートな素材や付属を使っている場合は Ⓕ の指示がされていることが多いので注意しましょう。クリーニング店に「石油系でクリーニングしてください」と情報を伝えることも必要です。

⊗ これはドライクリーニングができないことを伝える絵表示です。ドライクリーニングによって、特殊なプリントが剥離したり、付属が溶けてしまうような場合に指示されています。
　もう一点、ドライクリーニングについて驚きの事実があります！

　あなたはドライクリーニングに出せば、どんな汚れでもたちどころにきれいに落ちると思っていませんか。
　それこそが、とても大きな間違いです。ドライクリーニングには、落とすことができない不得意な汚れがあるのです。

汚れには大きく分けて2種類の汚れがあります。油汚れと水溶性の汚れです。

ドライクリーニングは特に油汚れをよく落とします。ところが汗をかいた時に出る塩分は水溶性の汚れのため、ドライクリーニングでは落ちにくいのです。したがってインナー感覚で着るものや夏服はできるだけ水洗いをお勧めします。ドライクリーニングしかできないインナーやブラウスを買うと、クリーニングから戻ってきて数日後に服に残っている汗の汚れが変色の原因になることがあるので、アイテムによってはドライクリーニングしかできないものを買うのを止めたほうがいい場合もあります。

商品企画をする場合でも、「とりあえずドライクリーニングにしておけばいいや!」という考え方は非常に危険であることを十分認識してください。

また商品販売上、夏物の商品はドライクリーニングしか出来ない商品を果たして消費者が喜んで購入するでしょうか？ 着用で汗をかくたびにクリーニング店に出して有償で洗濯してもらわなければならない商品を手軽に買ってくれると思いますか？

もう一点、問題があります。商品を販売する際 ⊠ という表示がついているにもかかわらず、「家で水洗いできますよ!」などといって消費者に服を販売するアドバイザーがいることです。

考えてみてください。この行為は「自分が取り扱っている服は表示が最初からいい加減なもので、消費者のことを何も考えていない商品です」ということを、販売者自らが宣伝していることと同じです。

品質表示をする製造者側も、消費者に説明をする販売者側も消費者に信頼されるよう真剣に考えてもらいたい問題だと思います。

こんな現状があるからこそ、品質表示がないがしろにされる一因となっているのだと思います。

クリーニング店で可能なのはドライクリーニングだけ？

お客：「この前、買わせていただいた服に Ⓦ こんな絵表示が書かれていたんだけど、どんな取り扱いをすればいいの？」
店員：「よくわからないんですが、クリーニング店での水洗い方法を表しているんです」
お客：「クリーニング店ではできるのはドライクリーニングだけではないの？ だって買った服は ✕ だったし、教えていただいた Ⓟ だったからドライクリーニングしかできないんじゃないの？」
店員：「そうなんですけどね…」

【正しい対応方法】
お客：「この前、買わせていただいた服に Ⓦ こんな絵表示が書かれていたんだけど、どんな取り扱いをすればいいの？」
店員：「Ⓦ この絵表示はクリーニング店での水洗いについての情報です。ご家庭での水洗いはできないのですが、高い技術を持ったクリーニング店での水洗いができるという表示です。ドライクリーニングだけでは落ちない汚れをプロのクリーニング屋さんの高い技術の水洗いで落としてください。という意味です」

【ポイント】
　クリーニング店でできるクリーニングにはドライクリーニングのほかに「ランドリークリーニング」や「ウエットクリーニング」があります。
　ランドリークリーニングとは家庭用ドラム型洗濯機と同じような形で約10倍の容量をもつランドリーワッシャーという洗濯機で洗います。

これは温水で回転洗浄し、洗浄効果の強い洗い方です。洗濯物を上から下に落としてたたき洗いをする感覚です。汚れがひどかったり、落ちにくいものに適した洗い方です。

家庭用洗濯機との違いは洗濯温度が高く、アルカリ剤を使い、ワッシャーの構造が円筒形でたくさんの水を使わなくても洗えて服を傷めにくい点です。また家庭での洗濯と比べて、洗浄と同時に漂白もできるのがメリットです。ワイシャツはランドリークリーニングで洗濯されることが多いです。ただし、生成り色のシャツなどは真っ白に仕上がってしまい、独特の味わいがなくなってしまうことが多くありますので、それが嫌な場合は「ランドリークリーニングをしないでほしい」とクリーニング店に伝えましょう。

ウェットクリーニングは技術力の高いクリーニング店でのみ行われるクリーニング方法です。

本来 ⊠ の表示のついているデリケートな服をあえて水を使って洗浄する洗い方で、Ⓦ の表示がついている服はクリーニング店でドライクリーニングだけでは落ちにくい水溶性の汚れを水の力を使って落とせるという意味です。特殊なクリーニング方法で最も技術を要します。Ⓦ といった取り扱い絵表示がついている場合は、ウエットクリーニングもできないという意味ですから注意してください。

 クリーニング後の服はどう保管すべき？

お客：「こちらで買った服なんだけど、この前クリーニングから返ってきたの。家にそのまま置いているんだけど…」
店員：「ありがとうございます。また次回、ご着用いただくためにそのまま大切に保管してください」

【正しい対応方法】
お客：「こちらで買った服なんだけど、この前クリーニングから返ってきたの。家にそのまま置いているんだけど…」
店員：「ありがとうございます。クリーニングから返ってきたらバズビニール袋から出して、ハンガーも服に合ったものに架け替えて保存してください。次回も気持ちよくご着用いただけるように、一度不具合がないかお確かめいただけますか」

【ポイント】
　一番いけないことはそのまま、洋服ダンスにしまってしまうことです。
　クリーニングから戻ってきた服にはたいていビニール袋がかぶせられています。
　ビニールに入れたままにしておくと、アイロン仕上げのときの湿気が残っていて、シミやカビの原因になったり、溶剤や薬剤のガスが残っていて変質、変色することがあります。服が返ってきたら、先ず袋から出して風に当てましょう。
　また、クリーニング店の針金ハンガーに掛けられて戻ってきた服は、そのまま洋服ダンスにしまうと型崩れの原因になります。肩幅に合った、厚みのあるハンガーに掛け替えて保管しましょう。
　これと同時にやらなければならないことはできあがりのチェックです。「プロのクリーニングに出したのだから」と安心しないで、すぐに自分の目で確認しましょう。チェックするのは次のような点です。

　☆スーツ、アンサンブルは全部そろっていますか？
　☆ベルトなどの付属品には間違いはありませんか？
　☆シミ、汚れはきっちり落ちていますか？
　☆風合い変化や縮み、変色はありませんか？

不良個所を発見した場合はすぐにクリーニング店に連絡を取り、対応してもらうことが大切です。
　「クリーニングから返ってきた服をチェックしないでビニールカバーをしたまま半年以上タンスに保管し、次のシーズンになって着用しようと思って出したら、シミがあった」という事故が往々にしてあります。
　その場合、クリーニングで落ちなかったシミなのか、クリーニング後に発生したシミなのか原因がはっきりしないため、適切な対応や補償がしてもらえないという事態になることがありますので注意しましょう。

①高温のお湯で洗うと色落ちすることがあるので注意すること。
②合成洗剤には中性と弱アルカリ性のものがあり、蛍光増白剤は弱アルカリ性のものに入っていることが多い。
③家庭用塩素系漂白剤は国内では「ハイター」「キッチンハイター」など。
④酸素系漂白剤は国内では「カラーブライト」「ワイドハイター」など。
⑤アイロンがけによって生地の目がつぶれ平滑になりそれが光の反射でテカテカと光って見える現象のこと。
⑥合成繊維は高温で収縮しやすい素材。
⑦アイロンの熱で樹脂が溶ける特殊プリントなどは直接アイロンを当てることはできない。
⑧アイロンで強く押えられた部分が光って見える現象。縫い代部分によく見られる。
⑨水洗いにより収縮、変形、風合い変化や表面変化、色落ちが発生。

第 3 章
繊維の種類と特性

　アパレル（服）に使われる繊維はとてもたくさんあります。1つひとつにその良さがあり、取り扱いの異なる点があるのです。これらの特徴をよく理解しないと思わぬ事故が発生することがあります。またそのシーズンに合った素材とアイテム・デザイン・シルエットの関係など、みなさんが知らない世界をご紹介しましょう。

❖［綿（コットン・COTTON）の服］❖

これってただのＴシャツだよね……

お客：「Ｔシャツある？　インナーで着たいんだけど」
店員：「はい！こちらの商品なんかはインナーとして活用していただけるシンプルなＴシャツです」
お客：「本当ね。でもなんかおもしろくないわね・・・これって、やっぱりただのＴシャツよね！」
店員：「確かにそうでございますね・・・こちらはいかがですか？　ネックラインが花びらのようにデザインされていますが・・・」
お客：「これだったらインナーにはならないわ」

【新しい切り口による対応方法】
お客：「Ｔシャツある？　インナーで着たいんだけど」
店員：「はい！こちらの商品なんかはインナーとして活用していただけるシンプルなＴシャツです。素材もコットン１００％ですので、汗をよく吸収し、軽くて動きやすく、肌触りも良く、お洗濯も簡単ですね。きれいなお色もたくさんそろっております。いかがでしょうか」
お客：「そうね！インナーとして着るから取り扱いが簡単で肌触りのいいものがいいわね。カラーを選ばせていただくわ」

【ポイント】
　繊維には自然界にあるものから採れる天然繊維と、人間が人工的に造った化学繊維があります。
　コットンは天然繊維です。天然繊維には植物から採れる植物繊維と動物の毛や、虫の吐く糸から採れる動物繊維があります。

その中でもコットンは植物繊維に属します。

コットンはワタといわれる植物の、タネの周りに生えている繊維からとれます。ワタは花が散ったあと子房が膨らみます。

子房が膨らんでいる様子
(日本綿業振興会ＨＰより)

その中に5〜8個のタネが育ちます。そのタネを守るようにタネの表皮から繊維が成長して「綿花」といわれるワタのかたまりを作ります。その後、タネを取り除いたものが綿繊維です。

綿花・コットンボールともいう
(日本綿業振興会ＨＰより)

タネから毛が生えているので「種子毛繊維」とも言われます。
この繊維の特徴は長さが1.5cm〜4cmで産地や種類によって差があります。また天然のよじれがあり、繊維の中心は空洞になっています。

Q なぜコットンの中心は空洞になっているのか。それが服にどんな良さになっているのか？

A 繊維は成長しているとき、タネから水分や栄養をもらわなければなりません。その、通り道と考えてください。
従って成長が終わった種子毛は枯草と同じように中心が空洞になり干からびた状態で、へしゃげたストローのようになっているのです。

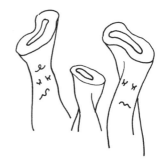

枯草状態で空洞になっていることと、へしゃげていることがコットンでTシャツが作られる重大な理由なのです。

Tシャツはカジュアルなアイテムで気軽に着こなす服です。着ていて動きやすくなくてはいけません。コットンは繊維の中心が空洞になっている ① ために軽くて動きやすい繊維なのです。

また、汗をよく吸収します。これは繊維自体が乾いた枯れ草状態になっているので水分をよく吸収するからです。加えて、空洞部分にも吸収した水分をためるからです。また吸水性だけではなく吸湿性も高いため、着用しても蒸れずに肌触りがいいのです。

夏の暑い日に裸でいるよりもTシャツを着た方が涼しく感じることはありませんか。これは太陽の直射熱を生地によって遮ることも一つの理由ですが、繊維の中心が空洞になっているのが大きな要因です。

軽くて動きやすいよ！

コットンの空洞部分には空気がいっぱい入っています。空気は熱伝導率の悪い物質です。このため外部の暑い気温を内部に伝えにくいため防暑性に優れるというわけです。

　そのうえコットンの服はとても丈夫で、激しい運動でも破れにくいです。

　現代のジーンズファッションの起源であるアメリカ開拓時代のカウボーイや農夫が着る作業着は幌馬車隊の幌の生地。

すなわちコットンの生地を転用して作られていたのです。これは、コットンの繊維自体が非常に強く切れにくいためです。また、綿繊維には自然の撚りがかかっています。コットンの糸はこの繊維を撚り合わせて作られますが、少し縮れているほうが絡みやすく、細い糸でも強く切れにくい糸を作ることができ、丈夫な生地になるからです。

　またサマーシーズンはどうしても汗をかいてしまいます。汗をかいた服はすぐに洗濯したいものです。コットンならすぐにざぶざぶ水洗いできます。それは、コットンが水分を吸収すると繊維が太くなって、さらに丈夫になり激しい洗濯でも傷みにくいのです。

　またコットンは吸水性がいいため、水に溶けた染料をよく吸収します。だからきれいな色に染まり発色も美しく、カラフルなTシャツが作れるのです。

　これほどTシャツ向けの繊維はないと思いませんか。
　また、それ以外に衣類を食べる虫にも強い点が挙げられます。衣類を食べる虫は主にたんぱく質を食べます。枯れ草は食べないのです。まれに食べこぼしがあり放置していた場合はそれを食べるために繊維まで傷つけることはありますが、ほとんど虫害の心配は要りません。

 洗濯したら縮んじゃった

お客：「すみません。このパンツ・・・お洗濯できるって言われたので、家で洗ったら縮んじゃったみたいなんです。丈をきっちりと合わせてもらったのに短くなっちゃって・・・」
店員：「確かに短くなっていますね。お直しの失敗ではないと思うんですが・・・」
お客：「そんなことはわかっているわよ！　私は洗濯で縮んだって言っているの！　あなたではお話にならないわ！　店長を呼んでちょうだい！」
店長：「大変申し訳ございませんでした。お客さま、お洗濯後の乾燥方法はどのようにされましたか？」
店員：「乾燥方法なんか関係あるの？」

【正しい対応方法】
お客:「このパンツ縮んじゃったんだけど!」
店員:「申し訳ございません。本当に縮んでいますね。お尋ねいたしますが洗濯後はどのように乾燥されましたか?」
お客:「洗濯の後は普通に部屋干ししたわよ!」
店員:「そうでございましたか。それでしたら簡単に修整できます。少しお待ちください。」

【ポイント】
コットンの服にもウィークポイントはあります。
①水洗いで縮む。
②着用や洗濯で白っぽくなる。
③着用や洗濯でしわになりやすい。

①コットンは水洗いすると縮む
　この章でコットンはざぶざぶ水洗いができると述べました。
　ところがコットンは水洗いをすることにより縮んでしまう性質があるのです。コットンは水分を吸収すると繊維が太くなり丈夫になります。しかしこれがコットンが水洗いで縮んでしまう原因にもなっているのです。
　下のイラストはコットンの織物をヨコ方向に切り、タテ方向なら見たものです。

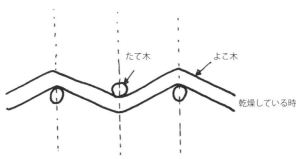

きっちりと並ぶタテ糸を縫うようにヨコ糸が挿入されているのがわかります。
しかし水分を吸収すると繊維が太くなるため糸自身も太くなります。

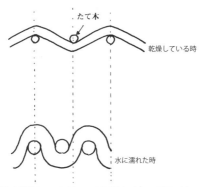

そのため断面積が増え、周りの繊維を引っ張り縮んでしまうのです。
下のイラストは洗濯後、日陰に干して乾燥させた状態を示しています。

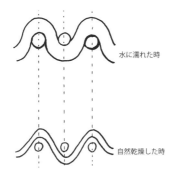

生地の糸と糸の間に隙間ができています。これはコットンが乾燥し繊維が元の太さに戻り、糸も元の状態に戻ったところです。
ところがこのままの状態では縮んだままです。
ここでスチームアイロンを引っ張りながらかけることにより、服はほぼ元の寸法に戻り、着用に支障が出ることはありません。右のイラストはタンブラー乾燥（回転式の熱乾燥機）で強制的に乾燥させたときの生地の状況です。

タンブラー乾燥器は熱を加えながら、回転して服を上から下に落とすことによって乾燥を速める機械です。

　これにより衝撃を受けた服は日陰に干した時に出来ていたような隙間も詰まってしまいさらに縮んで、スチームアイロンで引っ張っても元通りには回復しにくくなってしまいます。

　取り扱い絵表示に の表示がある場合はタンブラー乾燥禁止という意味なので、ご家庭で洗濯される場合は必ず、 や の指示に従って自然乾燥してください。

　誤ってタンブラー乾燥で縮んでしまったコットンの服は、もう一度、水に浸し軽く脱水します。形を整えて日陰で乾燥させてから、仕上げにスチームアイロンを引っ張りながら元の寸法に合わせてプレスするとある程度回復しますが、完全には元に戻りにくいので注意してください。

②コットンは着用や洗濯を繰り返すと白っぽくなる

　コットンのブラックのジャケット。気がついたら袖口や襟の部分が

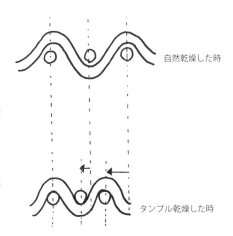

自然乾燥した時

タンブル乾燥した時

タンブラー乾燥機の中で回りながらTシャツが落ちている

色落ちして白くなっていることがありませんか。また、濃色のTシャツが着用1シーズンで全体的に白っぽくなったという経験はありませんか？

でも、これは色落ちではありません！　白化（はっか）現象と言われるものです。

綿は短い繊維です。糸にするにはその短い繊維を集めて撚りをかけます。そのため着用や洗濯の摩擦で生地の表面がこすられると、短い繊維が起きて毛羽立ってしまい、その部分が白く色落ちしたように見える特徴があるのです。

コットンの糸は毛羽立ちやすく、それが色落ちに見える

また、藍染などに使用される染料によっても発生することがあります。この染料は他のものに比べて染料のつぶが少し大きく、繊維の表面だけに染まり中心部までは染まりにくい特徴があります。

このため着用や洗濯の摩擦により生地の表面が磨耗されると、中の染まっていない部分が露出して白く見えます。ジーンズが着用や洗濯を繰り返すと部分的に白っぽくなるのはそのためです。

初めての洗濯の時にたくさん色が出る服があるため、色落ちして白っぽくなったと思いがちですが、最初の洗濯で落ちる程度の染料で服の色相に変化が出ることはそんなにありません。

白化現象は濃色品に特に目立つ現象です。これは素材特性のために修正することは出来ません。

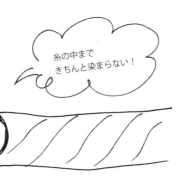

糸の中まできちんと染まらない！

染料の粒が大きな藍は、糸の中まできちんと染められない

③コットンは着用や洗濯でシワになりやすい

コットンのワイシャツやジャケットは着用や洗濯ですぐにシワになります。

コットンは枯れ草と同じ性質だといいました。枯れ草の道を歩いているとパキパキと茎が折れる音がするでしょう。植物の柔軟性がなくなっているからです。コットンも同じこと。着用で押さえつけられるだけで、折れ曲がってしまった部分は曲がっても元に戻りにくいため③、シワが発生してしまいます。

しかし、このシワはスチームを当てたり霧吹きをしてからアイロンがけをしたり、半乾きの時にアイロンを当てると簡単に修正できます。水分で繊維に柔軟性を与えてやるわけです。

コットンがカジュアルな服が多く、フォーマルな服が少ないのは繊維特性で白っぽくなったりシワになりやすいからなのです。

コットンのシワはアイロンがけですぐに伸びる

秋冬シーズンのコットンってあたたかいの？

お客：「少し寒くなってきたので、この上に軽く羽織れるものがないかと思って・・・」
店員：「それでしたらこちらのお色のカーディガンはいかがですか？」
お客：「そうね！ でもなんかこの服には合うけどほかの色には合わないわね」
店員：「そうでございますね。では、こちらでしたら・・・コットンなんですが・・・」
お客：「コットンのカーディガン？ 寒くない？ あぁ〜・・・もういいわ！ 少し考えさせて」
店長：「コットンのカーディガンでしたら今のシーズンにぴったりですよ」
店員：「えっ！ そうなんですか？」

【受け入れられやすい対応方法】
お客：「「少し寒くなってきたので、この上に軽く羽織れるものがないかと思って・・・」
店員：「それでしたらこちらのお色のカーディガンはいかがですか？ このカーディガンでしたらコットンなので薄手で軽いですし、気温が低いときに寒を防いでくれます。また、肌触りもいいので、一度、ご試着なさいませんか。お色の展開もたくさんありますのでお選びになってください」

【ポイント】
　秋冬に着るコットン製品は着用すると暖かく感じます。それは春夏のコットン製品と大きく違う点が三つあるからです。

070　第3章 繊維の種類と特性

①生地に空気がたっぷり含まれている
②生地が毛羽立っている
③生地がしっかり織られている
この3点です。

①生地に空気がたっぷり含まれている

　秋冬製品の生地は厚地のものが多く、中に空気をたっぷり含んだ層ができ、断熱効果が高くなります。そのため外部の寒さを内部に伝えません。また保温性も上がり体温を外部に逃がしません。

　また、シーズン初めのカーディガンのように比較的、薄地に編まれていたとしても繊維の空洞部分にたっぷりと空気が入っているため外の寒さを防いだり（防寒性）、体温が外に放熱されることを防いでくれる（保温性）ためあたたかいというわけです。

②生地が毛羽立っている

　秋冬シーズンに着用するトレーナーなどは服の裏側がタオルの目のようにループ状になっていたり毛羽立ててあったりします。

　これも空気をたっぷりと生地に含ませる役割となります。

膨らんであたたかい！

秋冬の分厚いコットンは断熱効果と保温性が抜群！

③生地がしっかりと織られている

　トレンチコートなどはコットンで作られているものが多いです。綿は天然の縮れがあり、また繊維自体も丈夫で、強く引っ張られても糸が切れにくい繊維です。
そのため糸をしっかりと張って、目を詰めた織物を作ることができます。
織物の目を詰めることにより防風性が上がり、風を通しにくく、あたたかいのです。

目が詰まっているから、北風にも負けないぞ!!

秋冬の服に使われるコットンでも春夏と同じウィークポイントなの？

 基本的には同じです。でも、秋冬シーズンのコットン製品には次のようなことに特に気をつけてください。

①濃淡配色の服の色泣き現象
②ファイヤーフラッシュ現象

①濃淡配色の服の色泣き現象

　第2章の（39頁）でも述べたのですが、濃淡配色の服の場合、家庭洗濯で淡色部分に濃色部分から色がにじみ出ることがあります。

　これを「色泣き現象」と言います。普通の洗濯では問題がない服でも洗濯液の温度が高かったり、長時間の漬け置き洗いや、洗濯機の脱水層に入れ濡れたまま長時間放置することにより、染料が引っ張り出されて色がにじみ出ることがあるのです。

　濃淡配色の服の場合は洗濯後は脱水し、そのまま放置せず、すぐに風通しの良い日陰で乾燥させてください。また、秋冬物は生地が分厚く、乾燥しにくくなっています。あたたかくした部屋で形を整えて乾燥させることもお勧めです。

　色泣きが発生した場合はできるだけ早くたっぷりの水で再度、洗濯すればある程度回復します。

　普通に乾燥していて色泣きが発生した場合は企画生産段階の不良が考えられます。すぐに品質表示に書かれているメーカーに連絡を取りましょう。

　メーカーサイドにおいてはデザイン企画の際は濃淡配色デザインであることを染工場に伝えて、しっかりとした染色をしてもらうことが肝要です。手元にある生地の色や雰囲気がかわいいからといって、タダ縫い合わせてしまうような企画はもっとも危険です。色落ちはしないか、水洗いができる素材なのかをきっちり確かめたうえで企画を進めることが必要です。

073

②ファイヤーフラッシュ現象

　毛羽立ったコットン製品に特に発生しやすい危険な現象です。

　みなさんは山火事をご存知だと思います。タバコの火の不始末や落雷による出火はもちろんのこと、空気の乾燥している季節などはちょっとした木々のこすれで発生する火花が山火事の原因のこともあるようです。最初は小さな火が枯れ草に燃え移り、やがて大きな火事になる。ファイヤーフラッシュ現象とはまさにこれです。

裏毛のトレーナーは
特にファイヤーフラッシュ
に要注意！

　何回も着用や洗濯を繰り返し表面が毛羽立ったコットン製品に家事の最中の火が引火、一気に燃え上がるといった事故がよく発生します。服全体が燃え上がるのではなく表面の毛羽をバッと焼くだけなので、ファイヤーフラッシュと言われます。着用や洗濯などによる、軽度の毛羽立ちである場合はサッと火がつく程度で自然消火します。しかしお年寄りなどは驚いて、台所で鍋を落とし火傷をする例もあります。

　もっとも危険なのはトレーナー用の生地で、通常は裏面が毛羽立った状態で使用されているも のをデザイン性を求めて、フリースのように表面に毛羽立った方を向けて使用されている服などです。生地の表面を深く掻いて毛羽立たせているため毛足が長く危険です。

074　第3章 繊維の種類と特性

繰り返しの着用や洗濯でできた毛羽によるファイヤーフラッシュよりもはるかに大きな炎となりまつ毛やまゆ毛、すそ髪を焦がしたという例もあるようです。着用の際には十分注意してください。
　また、デザインを考えるときも、こういった点に十分気をつけて製品化を図りましょう。

❖ [麻（リネン・ラミー）の服] ❖

麻とリネンは同じ素材なの？

お客：「この服、リネン１００％って書いてあるんだけど、何なの？」
店員：「今の服にはリネンって表示されるものが増えてますね」
お客：「聞いたことはあるんだけど、何だったっけ？」
店員：「新しい素材ですね」
お客：「えっ？　私が子供のころから聞いたことある素材よ。新しいとは思えないけど」
店員：「そうでございますか？」

【正しい対応方法】

お客：「この服、リネン１００％って書いてあるんだけど、何なの？」
店員：「"麻"の商品でございます。従来の麻商品と同様にさらさらした風合いで、とても涼しいブラウスです。また、麻素材ですがリネン特有のお肌に優しくなじむ風合いもいいですね。この暑い夏を過ごされるには最適ですよ」

【ポイント】

　麻はコットンと同様、植物から採れた繊維です。世界中に麻科の植物は約60種類①あるといわれています。しかし日本の法律②で「麻」と品質表示できるのは、麻科の植物の中でもリネン（亜麻）③とラミー（苧麻）④という植物に限られています。
　また、第一章でも述べましたが平成２９年４月１日より、新しい法律になり「麻」の指定用語が「麻」「リネン」「亜麻」「ラミー」「苧麻」と表示できるようになりました。リネンやラミー以外の麻科の繊維、例えば大麻（ヘ

ンプ）や黄麻（ジュート）などは「植物繊維（大麻）」や「植物繊維（ジュート）などと表記しなければなりません。

　お客さまがお尋ねになっている服は、その法律に基づいて従来であれば「麻１００％」と表記していたものを「リネン１００％」と表記したものなのです。

麻とはいったいどんな素材なのか？

　麻はリネンやラミーの茎の部分から取れる繊維です。
植物にはその茎が折れないように支え、養分や水分を送るための靭皮（じんぴ）と言われる強い繊維層が、表皮の下（甘皮）にあります。リネンやラミーはその靭皮がとてもよく育つので、それを取り出して麻繊維⑤にするのです。

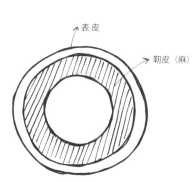

リネンの花／日本麻紡績協会HP

ラミーの葉／日本麻紡績協会HP

綿と同じように、植物からとれる繊維ですが麻は綿よりも強くて⑥ハリ、コシがあります。生まれてきた子供に「麻」という字を取り込んで命名するのには、本来は「麻」のように強く育ってほしいという親の願いが込められているのです。

　麻は茎をしっかり支えるための繊維なので、強くてハリとコシがあります。そのためサラサラ、シャリシャリ⑦した風合いがあり、夏に気持ちがいい服が作れます。

　また麻はコットンと同じように繊維の中心が空洞になっています。そのため軽くて動きやすく、汗や湿気をよく吸収し断熱性に優れ、外部の暑さを内部に伝えにくく、涼しい素材です。さらに濡れると繊維が太くなるためさらに強度が強くなり、水洗いにも耐えられます。

　またハリ、コシがあり強い繊維のために、目の粗い生地に織り上げても、服地としての強度が保たれ、通気性の良い涼しい服を作ることができあます。通気性が良いため、吸収した汗がすぐに乾くのも特長です。

麻の服は夏の強い味方。
シワになるのが玉にキズ

さらに汗が乾くときに身体の熱も奪うためさらに涼しく感じるのです。手を洗って、ハンカチを忘れたときに肌にあたる空気が冷たく感じたことがあると思います。これは水分が乾燥するときに皮下熱が奪われるからなのですが、それと同様の原理です。

　その上、麻の繊維自体の熱伝導率が高いので、外の気温が低く、体温の方が高い場合は熱を外部に放熱し体に熱を溜めません。これも麻の服を着たときに涼しく感じる秘密のひとつです。

　もうひとつ、夏には着ている服が汗臭くなることもしばしばあります。しかし麻は汗臭さが少ない繊維といえます。汗臭さの原因は主にバクテリアです。麻は通気性が良いために蒸れにくくバクテリアが発生しにくいのです。

　日本のラミーの産地である滋賀県能登川町では、昔、寝たきりのお年寄りの寝具の下に麻で出来た蚊帳⑧を敷き詰め、床ずれを防いだといいます。科学的な根拠が明確になっていなかった昔にも、素材の特性を活かす知恵があったことが分かります。

　また、麻はコットンと同じく植物繊維のため虫に食われることもほとんどありません。

 洗濯したら風合いが変わった！

お客：「このサマーセーター。お家で洗ったら風合いが柔らかく、クタクタになったんだけど素材が悪いのよね！」
店員：「そうでございましたか。申し訳ございません・・・確かに柔らかくなっていますね」
お客：「家で手洗いできる服だと思うんだけど・・・夏物なのでさらさらした風合いを気に入って買ったのに！」

079

店員：「誠に申し訳ございませんでした。こちらの同じ素材の商品とお取替えいたします」
お客：「同じ素材ならまた、クタクタにならない？」
店員：「たしかにそうですね・・・」
お客：「あなたでは話にならないわ！　店長を呼んでちょうだい！」

【正しい対応方法】
お客：「お家で洗ったら風合いが柔らかくなってしまったんだけど！」
店員：「申し訳ございません。リネンのサマーセーターでございますね。麻の素材の中でもリネンは上品さを演出する素材です。サラサラした風合いがおすすめなのですが、手洗いをするうちに少しずつ柔らかくなり、肌になじんでくるのがリネンで作られた服の特徴なんです」
お客：「あら！　そうなの？　確かに気持ちのいい柔らかさだけど・・・」
店員：「風合いを変化させないようにするには、ドライクリーニングがおすすめです。ただし、ドライクリーニングでは汗の汚れが落ちないという問題もございます。手洗いをされたあと、軽く洗濯糊をつけられますと、サラサラした風合いは維持されます」

【ポイント】
　リネンとラミーとでは特徴が異なります。
　リネンは本来、亜麻色といって肌色に近い色相をしています。しかし洗いや漂白などの加工⑨をすれば白く清涼感が出ます。一方、リネンのシャリ感は天然の樹脂⑩が繊維の間についているために感じられる風合いです。ということで、麻は洗えば洗うほど白くなりますが、その一方で水洗いによって天然の樹脂が取れてしまい、リネン独特のシャリシャリした風合いはなくなって柔らかくなり毛羽立ってしまいます。だから、リネンの織物はあまりきれいに洗いや漂白の加工をしないで、風合いをある程度残して服地にします。

リネンの服にナチュラル感があり、ネップ（糸の太い塊）やスラブ（糸むら）があるのはそのためで、リネンの特徴のひとつといえます。
　また家庭で洗濯する場合でも天然の樹脂が水洗いによって徐々に取れてしまうため、風合いが柔らかくなり、クタクタになってきます。しかし、こうした風合いの変化により、肌になじんでくる気持ちのよさを楽しむのもリネンを着こなすポイントです。
　リネンで作られたタンクトップなどのインナーアイテムは、家で回数多く洗濯するものですが、そうするとおのずと風合いがなくなることを理解していなければいけません。
　どうしても風合いが柔らかくなるのが嫌な場合は、ドライクリーニングをおすすめします。ドライクリーニングであれば水溶性である天然の樹脂は落ちないため大きな風合い変化はほとんどありません。ただし汗の汚れが落ちにくいという問題が残ります。
　水洗いをして風合いが柔らかくなった場合は、糊付けをすれば元の風合いに近いものになります。
　リネンの薄い生地はハンカチやシャツ、サマードレスなどに使われ、繊細でエレガントなイメージの製品の素材として使われることが多いです。

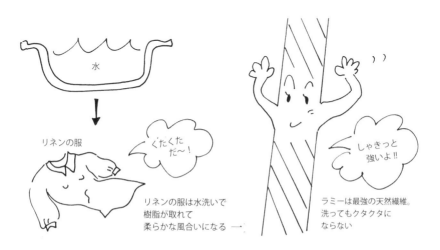

もハリがあり強い素材です。リネンより繊維が太くしっかりしたイメージです。リネンのように水洗いで風合いが柔らかくなることもほとんどありません。

　また繊維を取り出したあとしっかり、洗いや漂白の加工をして汚れなどを取り除くと色は白く絹のような光沢があり「絹麻」と呼ばれます。

　ラミーはリネン同様、シャツなどにも使われるのですが、ハリ、コシが強いため夏ものの和服や浴衣の生地にも使われます。時代劇で見ることができる、ピンと肩の張った武士の裃（かみしも）などはラミーのハリ、コシをあらわす好例だといえます。

Q　そのほかに麻の服のウィークポイントは？

　春夏素材として着用していてサラサラした風合いで涼しく、汗をよく吸収し水洗いも出きる麻ですが、コットンと同様に水洗いで縮みます。しかし自然乾燥であればスチームアイロンで回復します。タンブラー乾燥は避けましょう。もみ洗いすると毛羽立ってしまうので、水洗いの場合は押し洗いで短時間（2〜3分）が最適です。

　白化現象や色泣き現象についてはコットンと同じです。

　また、シワができやすい点でもコットンと同様ですが、綿に比べ繊維が硬くハリがあるためシワが鋭く、コットンの服よりも目立ちます。こうした問題はスチームアイロンをかけることにより解決します。

　またセーターの場合は着用や洗濯により袖口リブや裾リブが伸びてしまうことがあります。しかしこれもシワができやすいのと同じ理由で、曲げれば曲がりっぱなし、伸ばせば簡単に伸びてしまうという性質、つまり屈曲性が乏しいことが原因です。伸びてしまったリブはスチームアイロンを浮かしてかけ、編み目を縦方向に引っ張りながら目を詰めることで、ある程度は回復することが出来ます。

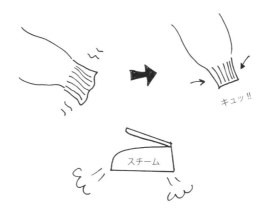

こうした問題を防ぐために、メーカー側がセーターの企画生産時にリブ部分に、ゴムのように伸縮する糸⑪を挿入しておくのもひとつの手です。

❖ [ウール (羊毛・毛) の服] ❖

スーツをお探しのお客が来店

お客：「仕事で着るスーツを探しているんだけど・・・」
店員：「ありがとうございます。こちらなどはいかがでしょうか？」
お客：「スーツなんてどれも一緒だろ。　グレーであればなんでもいいんですよ」
店員：「そうでございますね・・・。それでしたら、こちらのグレーのスーツはいかがでございますか」
お客：「だから、何でもいいよ！　値段が安いものを出してくれないか！」

【異なる切り口による対応】
お客：「仕事で着るスーツを探しているんだけど・・・」
店員：「ありがとうございます。それでしたらこちらのウールのスーツはい

かがでしょうか？」
お客：「スーツなんてどれも一緒だろ。　グレーであればなんでもいいんですよ」
店員：「こちらのグレーのウールのスーツは、これから暑くなるシーズンでも着ていて蒸れずにさわやかです。また、汚れも付きにくくシワにもなりにくいのでお手入れも簡単だと思います」
お客：「手入れが簡単？　それいいね！」

【ポイント】
　スーツはビジネスウエアとしてもっとも一般的に着用される服だと思います。女性においてはビジネスの場に限らず、多少改まった場所にスーツを着用することも多分にあります。
　コットンや麻で作られているスーツもありますが、ビジネススーツやリクルートスーツなどオンタイムに着用されるスーツはウール素材で作られたものが多いです。
　それは、以下のようなウールが持つ独特の良さがあるからなのです。
　ウールとは羊の毛で作られた動物繊維といわれるものです。羊の種類は3000種類にのぼるといわれています。アパレル用素材として使われている羊は以下のようなものが有名です。
　中でも最も一般的に使われる羊は「メリノ種」と言われる羊の毛です。

羊（メリノ種）ザウールマークカンパニーのHPより

ビジネスマンの方は一年中、スーツを着用していることが多いと思います。秋冬シーズンはもちろん、春夏でも取引先に行くときには、ネクタイは外してもジャケットは羽織るという方も多いでしょう。クールビズが叫ばれる中にあっても、多くの人が真夏でも薄いとはいえウール素材でできたサマースーツを着用しています。

　そうです。ウールのスーツは、結局一年中大忙しなのです。なぜでしょうか？

　ひょっとして春夏のウールと秋冬のウールは違う種類の羊の毛を使っているのでしょうか？

　いえいえ、スーツ素材は、オールシーズン、「メリノ種」のウールが中心です。その理由は、ウールが秋冬シーズンにはあたたかく、春夏シーズンでは比較的涼しく、さわやかな素材だからです。

　この秘密を理解していただくために、ウールのもつ２つの特徴を知っておいてください。

① **ウールにはキューティクルがある**

　よくテレビのシャンプーのＣＭで「キューティクルが傷んじゃった！」と言っている場面を見ませんか？　キューティクルとはうろこのことです。髪の毛にはうろこが付いています。

　動物の毛である羊の毛は、同じ哺乳類の人間の毛髪と同じ性質です。したがって羊毛にも「うろこ」、すなわち「キューティクル」があります。繊維の世界ではこのキューティクルのことを「スケール」と呼んでいます。

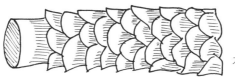
スケール

②羊は天然パーマの毛でおおわれている

　羊は全身がモコモコと天然パーマがかかった毛でおおわれています。繊維の世界ではこの天然パーマを「クリンプ」と呼んでいます。
　ウールが一年中大忙しな理由は、この「スケール」と「クリンプ」にあります。

クリンプ

　まずスケールですが、この「うろこ」は外気の湿度に合わせて開閉する性質があります。すなわち湿気が高い時にはスケールを開いて湿気を繊維の内部に吸収します。また、空気が乾燥すると繊維の内部の湿気を放湿しながらスケールを閉じます。
　夏の湿度の高いシーズンではスケールを開いて湿気を吸収し、身体の蒸れを取り除き着用していてさわやかさを保ちます。また、空気が乾燥すると繊維に吸収していた湿気を放湿しながらスケールを閉じて行きます。それゆえウールは「天然のエアコン」といわれているのです。

吸ったり　吐いたり
ウールは天然のエアコン

　また「うろこ」が付いているため、繊維同士が絡まりやすくなっています。このためウールの繊維を使って色々なタイプの糸を作ることができます。秋冬シーズンに使われるウールは弱く（甘く）撚られ、クリンプがある

ためにふくらみが出て、ふんわりと柔らかで太い糸を作ることができます。生地は柔らかくて肌触りがよく、その上たっぷりと空気を含み、保温、断熱効果が高くなり、温かい服を作ることができるのです。

引っかかりやすく絡まりやすい

また、驚くような話ですが、ウールは自分で発熱します（詳細は141頁「発熱繊維って本当に、自然に発熱するの？」参照）。

このように、秋冬シーズンにウールがよく着用される理由は、温かさが第一です。

では春夏シーズンでもしばしば登場するのはなぜでしょうか？

それは、ウールで作られたサマースーツは着用することで涼しく感じ、蒸れずにさわやかだからです。

春夏で使われるウールは強く細く撚った糸で生地を作ります。糸を強く撚るためクリンプによるふくらみはなく、糸に空気があまり含まれません。つまり空気による保温効果がない糸になります。その上、糸が細いために薄地の生地が作れます。また、糸を強く撚ることで強度のある糸が作れます。糸に強度があるためサラサラと気持ちの良い風合いの生地になるうえに、目の粗い風通しの良い生地に織り上げても、服地として強い強度が得られるのです。

ウールはサマードレスなどアイテムにもよく使われます。それはドレープ性があり美しいドレスシルエットが出せるからです（詳細は第4章「糸の秘密」参照）。

また「スケール」は日本家屋の屋根瓦のようにズレながら重なっており、瓦と同じような特性があります。

したがって少しの水滴ならしみ込まず、はじいてくれます①。これはウールの服に汗などの水溶性の汚れが付きにくいことを証明しています。したがってウールの服は着用のたびにクリーニングをする必要がないといってもいいでしょう。その上、多少の汚れであれば繊維の内部にまで汚れが浸透しないため、強いクリーニングをしなくても汚れを簡単に落とすことができます。

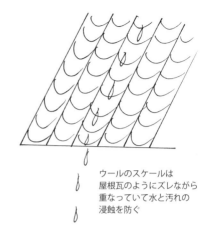

ウールのスケールは屋根瓦のようにズレながら重なっていて水と汚れの浸蝕を防ぐ

また、ウールにはクリンプ（天然パーマ）がかかっていました。クリンプは繊維がバネ状になっています。針金でもまっすぐなものを曲げるとそのまま曲がってしまいますが、コイル状になっているものはバネの力で曲げてもすぐに元に戻ります。

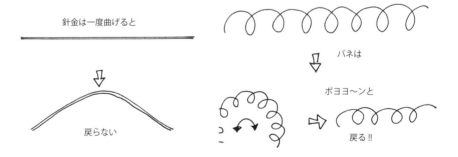

ウールも同じです。したがってウールのスーツはクリンプのおかげで着用によるしわや型崩れが発生しにくく、アイロンがけは少なくて済みます。たとえ少しシワができたり型崩れしたりしても、軽く霧吹きをして2～3日ハンガーに掛けておくとほとんど回復しています。

 ただし強く撚った糸で作ったウールのサマースーツは霧吹きやスチームアイロンは避けてください（詳細は第4章「糸の秘密」参照）。
　このようにウールは春夏シーズンは涼しく、蒸れずにさわやか。秋冬シーズンは柔らかな風合いであたたかく、また汚れが付きにくく型崩れしにくいという特徴があります。これらのことから、年中たくさんのスーツにウール素材が使用されるのです。
　ウールの興味深い性質を最後にもうひとつ。それは、植物から採れるコットンや麻は枯れ草と同じで燃えやすいのですが、羊の毛であるウールは炎を近づけると燃えはじめても、火元を離すと炎はすぐに消えてしまいます。この性質を難燃性といいます。難燃性を利用して、ウールはカーペットや消防服、カーレーサーが着るインナーウエアーなどにも使用されているのです②。

 このセーター、縮んだんだけど！

お客：「このセーター、お家で洗っていいの？」
店員：「ウールのセーターでございますね。🚫の絵表示がついておりますので、ご家庭でのお洗濯は避けていただきたいです。クリーニング店にお出しください。」

089

お客：「なぜ、お家で洗っちゃいけないの？」
店員：「手洗い禁止の表示がついているものは、お家で洗うことができないんです。」
お客：「だからなぜ洗ってはいけないの？」

【正しい対応方法】
お客：「このセーター、お家で洗っていいの？」
店員：「ウールのセーターでございますね。 ✕ の絵表示がついておりますので、ご家庭でのお洗濯は避けていただきたいです。クリーニング店にお出しください。」
お客：「なぜ、お家で洗っちゃいけないの？」
店員：「ウール商品は水洗いで生地の目が詰まり固くなってフェルトのようになり、縮んでしまうことがあるんです。お洗濯はクリーニング店にご依頼ください」

【ポイント】
　ウールの服は水洗いにより縮みやすい性質があります。最近は水洗いできるウールスーツがありますが、これは特殊な加工③が施されたものに限られています。基本的な洗濯はドライクリーニングになっています。
　ではなぜ、ウールは水洗いで縮んでしまうのでしょうか。
　ウールの縮みには次の2種類があります。
①緩和収縮
②フェルト収縮

①緩和収縮
　主にクリンプがあることによって発生する縮みです。
　ウールは生地に織り上げられるときに繊維は強く引っ張られてクリンプが伸ばされたようになって織られています。緩和収縮とはそれがスチームや水に濡れることにより緩んで（緩和して）元に戻った状態です。繊維自

体としては自然な状態となったのですが少し縮んだようになります。ほとんど着用に差し支えない程度の縮みで、風合いの変化などもありません。もしも気になるようだったら、スチームアイロンを引っ張りながらかけると回復します。

②フェルト収縮

　主にスケールがあることによって発生する縮みです。スケールは毛先の方向に向かって積み重なったような状態でウールの表面を取巻いています。

　このことで、ウールの繊維は毛先方向から根元方向に滑りやすくなり、根元方向から毛先方向には滑りにくくなります。

　人間の髪の毛でもそうでしょう。

髪の毛が抜けた場合、毛の上で指を滑らせてみると、髪は根元方向にのみ動き毛先方向には動かないことがわかります。

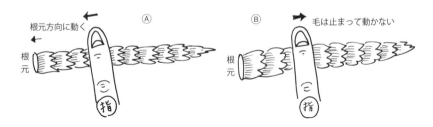

人間の髪の毛と同じ性質のウールも同じように、根元方向にのみ動き毛先方向には動かないのです。

また、スケールはお湯やアルカリでさらに開きやすくなる性質があります。第2章でも述べましたが、合成洗剤にはアルカリ性のものがあります。

洗濯をする際にお湯、弱アルカリ性合成洗剤を使用することにより、スケールは開きさらに根元方向に進みやすくなります。その上、洗濯時の揉み作用が加わると、ウールの繊維同士が絡まりあい、根元方向にのみ進んで後退はしないため、生地の目が詰まりフェルト状になり硬くなって縮んでしまいます。

フェルト収縮を起こした服は生地の目が詰まって縮み、風合いも硬くなって強い力で引っ張っても回復させることはできません。

ウールの服が、家庭での洗濯が禁止されドライクリーニングを指示されているのはこういった理由からです。

しかし、絶対に水洗いできないのかというと、そうではないことも事実です。

取り扱い絵表示の一番後ろに 〈W〉 の表示がある場合は、クリーニングのプロによる非常に弱い水洗い（第二章参照・ウエットクリーニング）ができるという意味です。また、絵表示に 〈手洗い〉 のマークがついており、付記用語などに「中性洗剤で洗ってください」などの文言がある場合は以下のように手洗いしてください。

ウールのスケールはお湯と弱アルカリ性合成洗剤で開き、そこに揉み作用が加わることによってフェルトのようになり収縮します。第2章でも述べましたが、合成洗剤には弱アルカリ性の洗剤のほかに中性の洗剤があります。冷たい水に中性洗剤をよく溶かしウールの服を漬けると、スケールは開きにくい状態になります。そこでもみ洗いをしないで2〜3分静かに押し洗いをする程度で洗濯します。すすぎも手洗いと同じ要領で水を溜めてから2〜3分、揉まないように押し洗いですすぎます。これを2回ほど繰り返して洗剤分をすすげば、縮む確率は低いといえます④。

　ただし、セーターなどは 🧺 のマークがついていることがありますが、スーツなど汗が直接つかないようなアイテムは基本的に ⊠ の表示になっていると思います。これはスーツに使用されている肩パットや芯地（服を補強するため、表生地と裏生地の間に入っている芯になる生地）、裏生地などが水洗いができないような素材や構造になっているので、仕上げが難しく型崩れするなどの問題も発生する危険性があるからです。

　素材面だけをみるのではなく、服に使われている裏生地やその他の付属なども水洗いできないものがあるので、安易に家庭で洗うことは避けてください。家庭での手洗い洗濯に自信がない方は決して無理はせず、プロのクリーニング店に任せることをおすすめします。

このセーター、毛玉ができるんだけど！

お客：「この前、ここで買ったセーターなんだけど毛玉がひどくって困るわ」
店員：「申し訳ございません！　本当ですね！！」
お客：「ほかのお店で、同じようなセーターを買っているけど、こんなに毛玉はできないわ。お値段が高いのに本当に品質が悪いんだから！」
店員：「本当に申し訳ございません。すぐに別の商品とお取替えいたします！」

お客：「もういいわ！　あなたとこの服はいらないわ！！」

【正しい対応方法】
お客：「この前、ここで買ったセーターなんだけど毛玉がひどくって困るわ。ほかのお店で、同じようなセーターを買っているけど、こんなに毛玉はできないわ。お値段が高いのに本当に品質が悪いんだから！」
店員：「本当に申し訳ございません。お伺いしたいことがございます。どのようなときに着用されましたか。
お客：「仕事に着ていったのよ！　朝は何ともなかったのに、帰るころには服の前が毛玉だらけだったの！　引っ張ってむしり取ったんだけど、またすぐにできるのよ！
店員：「毛玉がすぐにできたということでございますね。特に服の前の部分でございますね・・・。」

【ポイント】
秋冬シーズンのウールでは特に発生しやすい問題があります。

　ピリングです。

　ピリングとは、着用やクリーニングでこすられたり揉まれたり、摩擦によって発生する毛玉のことです。摩擦がひどいほど早く多く発生します。会社などで一般事務仕事の場合、デスクにこすれて、前身頃に毛玉が多く発生するという事例が見受けられます。

　毛玉はウールの服に限らず、すべての服に発生するリスクがあります。

　ウールはスケールやクリンプがあるた

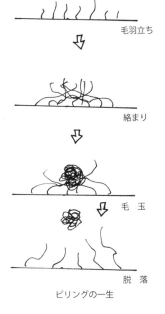

ピリングの一生

めに、着用時の摩擦で絡まりやすく毛玉になりやすい素材ですが、本来は摩擦がおこり毛玉になる前に自然脱落するために、毛玉としては目立ちにくいと言えます。

ところが、秋冬シーズンのウールのように糸のよりが甘く（弱く）、ふくらみがあったり、風合いがとても柔らかかったりすると、脱落する前にまた次の毛羽立ちが発生して毛玉として目立ってしまいます。またウールよりも強い繊維と混ぜて⑤しまうと、脱落しようとするウールを他の強い繊維が引き止めてしまうため毛玉が発生しやすくなります。

毛玉を完全に防止することはできません。毛玉を発生しにくくするには日頃の手入れをまめに行うことが第一です。

着用後、毛足の長いブラシでブラッシングをして毛並みを整えましょう。また、気にいっているからといって、同じウールの服を毎日着用すると毛玉が発生しやすくなります。一回着用したら2～3日休みを与えるようにすると型崩れなども回復し毛玉も発生しにくくなります。

また、摩擦が起こりやすいコーディネートは避けましょう。たとえばドルマンスリーブのウールセーターに普通袖の上着を組み合わせると、脇の下の摩擦が大きくなり毛玉が発生しやすくなります。その上、無理をして自分の体形に合わないサイズが小さい服を着ると、摩擦が大きく毛玉が発

生しやすくなる傾向があります。
動きの激しい場所で着用する服の場合、素材・デザインを選ぶことも重要です。

　　毛玉が発生した場合、最もやってはいけないことがあります。

　それは直接、手で引っ張って毛玉をむしり取ることです。引っ張ることによりかえって毛羽立ちが起こり次の毛玉の発生を速めてしまいます。

　毛玉ができた場合はブラッシングを施し、ホコリを取り除き毛並みを整え、残った毛玉を小さなハサミで一つ一つ引っ張らないでカットしてください。電動毛玉取り器を扱う場合もブラッシングで毛並みを整えてから毛玉だけを取り除きましょう。強く押さえつけると服地の糸を切ってしまう恐れがあるので注意しましょう。

ウールの服で毛玉のほかに注意することは？

羊の毛はタンパク質でできています。繊維を食べる虫には注意してください。虫は一年中生息しています。冬は暖房、夏は冷房の快適な生活を営んでいる人間の社会は虫にとっても居心地の良い場所です。繊維を食べる虫にとって人間社会はユートピアなのです。

対策としては防虫剤の減り具合を常にチェックして、なくなっていればすぐに新しいものと取り換えましょう。その時に防虫剤の種類は一種類にして服に直接触れないようにして入れてください。二種類以上入れると防虫剤が液状化して服にシミを付けることがあります。

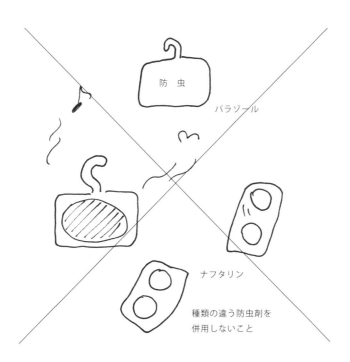

また、ウールの服に限らず一年に一度は虫干しをすることもおすすめです。虫干しなんてやったことがないという方も多いと思いますが、やり方は簡単です。

　梅雨明けの夏や空気の乾燥している秋。晴天の２〜３日続いた日に窓を開けて風通しを良くします。洋服ダンスを開け、できれば中の服を取り出し、午前１０時ごろから午後２時ごろの間に直射日光を当てないで風を通せばいいのです。タンスを開けて風を通すだけでもある程度の効果はあります。その時に防虫剤の減り具合を確認して、少なくなっていたら新しいものと交換するようにしたいものです。

虫干しは風による衣服の手入れ

❖ [ウール(羊毛)以外の獣毛の服] ❖

なぜ、このセータはこんなお値段なの？

お客：「このセーター。かわいいデザインねぇ」
店員：「ありがとうございます！ このデザインは今年人気でいろいろなお客さまからご注文いただきますね」
お客：「デザインはかわいいけど、お値段が高いわね！ なんでこんなお値段なの？
店員：「このセーターはカシミヤで作られております」
お客：「カシミヤ・・・よく聞く素材ね！ カシミヤっていったい何なの？」
店員：「カシミヤでございますか・・・。カシミヤはすごく柔らかい風合いでして・・・。着心地が良くて、あたたかい素材です」
お客：「だからって、このお値段はないわね！ デザインの似たものでもっとお安いものはないの？」

【異なる切り口による対応】
お客：「このセーター。かわいいデザインねぇ
店員：「ありがとうございます！ このデザインは今年人気でいろいろなお客さまからご注文いただきますね。そのうえ、カシミヤで作られていますのでとても風合いが柔らかく、あたたかいですね」
お客：「「カシミヤ・・・よく聞く素材ね！ でもカシミヤっていったい何なの？」
店員：「中国、インドの北部地方、ヒマラヤ、モンゴル、イランなどで自然放牧で飼育されているカシミヤ山羊という羊毛ではない動物の毛です。ウールにはない独特の風合いと柔らかさや軽さを併せ持ったセーターです。カシミヤの毛はくし型の採毛器を使って、剛毛の下にある綿毛をひっかくよ

099

うに梳きとられた本当に柔らかい毛です。一頭から150〜200ｇしか採れない希少な素材です」

お客：「すごい！　高級素材なのね！　どおりで・・・このお値段なのね。ウールと比べても違いが明らかね。奮発してこれいただこうかしら！」

【ポイント】

羊以外の動物の毛は獣毛（Ｈａｉｒ）と言われます。

　よく知られているのはカシミヤ①、アンゴラ②、モヘヤ③、アルパカ④などです。

カシミヤ（カシミヤ山羊）

アンゴラ（アンゴラ兎）

モヘヤ（アンゴラ山羊）

アルパカ

　一般的に天然繊維⑤は細くて長いほど高級素材に位置付けられる傾向がありますが、獣毛素材は一般的に繊維が細く長いものが多く、したがって原料の価格が高いのです。

では、なぜ天然繊維は長いく細い方が高級素材なのでしょうか。

天然繊維は短い繊維を撚って一本の糸にします。繊維が長いと、撚って一本の糸にしたときに毛羽立ちが少なく光沢のある糸が作れます。また、繊維は細い方が柔らかくてしなやかな糸になります。また糸自体にふくらみがあるため空気をたっぷりと含み軽くて保温性が高く温かいのです。そこで細くて長い獣毛繊維で作ったテキスタイルは、ウールにはない独特の光沢と風合い、柔らかさを備えた上質な商品となり、それに応じて価格も高くなります。

さらに獣毛類には産出量も少なく希少性が高いものが多く、それも高価格の要因といえます。

 獣毛製品の取り扱い方法について教えてください

基本的にウール製品と同じと考えればいいと思います。ただし繊維がより細くて長いため、とてもデリケートな素材です。希少な素材であり、価格も高価ですので特に愛情を持って丁寧に取り扱うことをおすすめします。毛羽立ちや毛玉の原因になるので、激しい動きをするときの着用は控えてください。

毛はほこりなどが付くとボリュームがなくなり、保温性や通気性が悪くなります。着用後は毛足の長い天然毛（馬毛・豚毛）のブラシで毛並みに沿ってブラッシングし毛並みを整えてふんわりした感じを出しましょう。ブラッシングにより、着用で発生する毛乱れや毛玉も発生しにくくなります。

獣毛はウールに比べ繊維が細く弱い

おしとやかに着てね!!

です。発生した毛玉は早く自然に脱落して目立ちにくいのですが風合いが柔らかくすぐに毛羽立ちやすいため、多少なりとも絡まりあって毛玉になる場合もありますので、ウールの製品よりももっと連続して着ないようにしたほうが良いでしょう。もちろん手で引っ張って毛玉を取るのはもってのほかです。

また獣毛の中でもアンゴラの製品は着用による毛抜けが発生しやすい性質があります。アンゴラの毛はウールに比べてスケールが少なくクリンプもなくまっすぐです。加えて糸の撚りもふんわりと柔らかく甘く撚られています。そのため繊維同士が絡まりにくく毛抜けしやすく、重ね着などをすると他の服に抜けた毛が付着し目立ってしまいます。同系色のものや滑りの良い素材、配色の目立たないコーディネートをおすすめします。

また、獣毛の服は特に虫食いには注意してください。衣類を食べる虫はタンパク質を食べるためウールは虫害に注意しなければならないことはすでに述べました。獣毛はウールに比べ繊維がより柔らかいです。衣類を食べる虫は柔らかい繊維から食べるので、より柔らかい獣毛の服ほど、つまり高級な獣毛の服であればあるほど虫害に遭いやすいといえます。とっておきの服に穴を開けられてしまわないよう、虫害対策はしっかりとしたいものです。

最後に着用後のクリーニングについてです。クリーニング店での洗濯は汚れを落とすのが一番の目的です。汚れがひどいほどハードなクリーニングを施さなくてはならず、商品に与えるダメージも大きくなります。したがって高級品ほどあまり汚れがひどくならないうちにクリーニングに出すのが賢明です。

獣毛製品のクリーニングは石油系のドライクリーニングをおすすめします。そのうえでネットに入れて短時間（5分以内）で洗ってもらいましょう。あまり長時間洗いすぎると縮みや獣毛の独特の風合いを出している油脂分が抜けてしまいぬめり感がなくなる原因にもなります。また揉み作用により表面に毛乱れなどが発生することがあるので注意してください。乾燥の

ときもできるだけタンブル乾燥は避け、自然乾燥をしてもらいましょう。
商品知識の豊富な技術の高いクリーニング店に、獣毛製品であることを明確に伝えて、依頼されることをおすすめします。

❖ [シルクの服] ❖

ブラウスの値段の説明の仕方

お客:「ねぇ～！ このブラウス、なんでこんなにお高いの？」
店員:「はい、こちらのブラウスはシルクでございます。こちらは化学繊維でして・・・」
お客:「だけど、シルクのブラウスってなぜこんなに高いの？ これだったら、みんなこっちの化学繊維って、のを買うわよね！」
店員:「確かにそうでございますね・・・」

【異なる切り口による対応】

お客:「ねぇ～！ このブラウス、なんでこんなにお高いの？」
店員:「はい、こちらのブラウスはシルクのブラウスでございます」
お客:「シルクって何なの？」
店員:「シルクは天然素材でございまして繭からとれる素材で、生糸のことです。ほかの素材では出せない独特の光沢と風合い、肌触りのよさが特徴です」
お客:「こちらは何でこんなにお安いの？」
店員:「はい！ お値段がこなれている方のブラウスは化学繊維でできておりまして、人間がシルクを真似て人工的に作った素材なんです。シルクは天然素材ですのでお肌にも優しい服ですね。ウエディングドレスにも使われる最高級素材なんですよ！」

103

【ポイント】

　シルクは「繊維の女王」と言われることがあります。それはこの素材が美しくデリケートな素材だからです。
　それではシルクとは一体何か、ということからお話しして行きましょう。
　シルクは蚕（かいこ）の繭（まゆ）から採ります。
　蚕は成虫になると蛾になるのですが、成虫になる前に蛹（さなぎ）になります。この蛹になる直前に外敵から身を守るために、蚕は自分の体の周囲に糸を吐き繭玉を作り、その中で蛹になり成長を続けるのです。やがては繭の中で脱皮して蛾になり、繭の一部を溶かして外部に出てくるのですが、これではシルクの繊維が切れてしまうので脱皮する前に熱をかけたり冷凍して殺してしまうのです。考えてみれば人間は残酷ですね。
　通説によると、シルクの発見は紀元前①と言われています。
　中国の貴族②が、繭玉を転がして遊んでいたところ、熱湯が入ったヤカンの中に繭玉を落としてしまい、それを箸でとろうとしたときに糸がほぐれてきたのです。

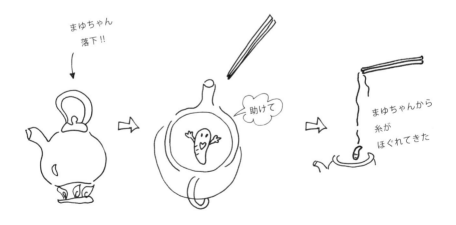

その糸を生地にしたところとてもきれいな生地が出来上がったというのがシルクの起源というのです。なにはともあれ中国では長年、シルクの繊維の取り出し方を秘密にし、シルクロードを通じてその織物だけをオリエントやヨーロッパに交易品として運んでいました。

こういった話からもわかるように、繭は熱湯につけると糸がほぐれてきます。これを煮繭（にまゆ）というのですが、その糸端を探り出して何本もの細い繊維をより合わせて一本の糸③になったものが生糸といわれるシルクの

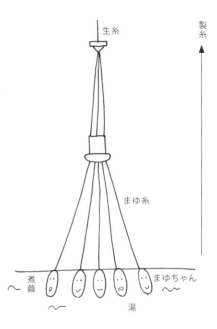

素材です。今では煮繭の段階でせっけんやアルカリ液で煮て糸のほぐれを効率よくしています。

そんなシルクが、なぜ「繊維の女王」といわれるくらいに美しいのでしょうか？
それはまず最初に蚕が繭を作る時の話をしなければなりません。

蚕は糸を口から吐いて繭を作ります。その蚕の口は三角形をしていて、繭を作るときに頭を八の字に振りながら糸を吐いて行きます。これがシルクが「繊維の女王」といわれる所以なのです。

もう少し、詳しく説明してゆきましょう。これは、人間が蚕が造り出す美しいシルクを何とか人工的に造れないか、徹底的にその構造を分析し研究した結果、わかった原理です。

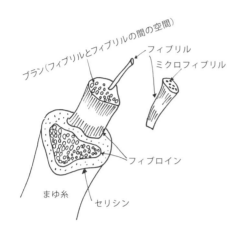

繭糸の断面図／日本化学繊維協会HPより

　上のイラストは繭から糸がほぐれる前の繭糸の構造です。繭糸は全体的に三角形に近い楕円形をしています。これは蚕の口が三角形のためにできる形状です。この三角形の楕円形の繭糸は、セリシンといわれるにかわ質のもので二本のフィブロインといわれる三角形の繊維を包んだような構造になっています。フィブロインを構成している繊維はフィブリル。フィブリルを構成しているさらに細い繊維をミクロフィブリルと言います。フィブリルとフィブリルの間に空間があるのですが、ここの部分はブランと呼ばれています。

　繭玉を熱湯につけ煮繭すると、にかわ質のセリシンが溶けて繊維がほぐれるわけです。繊維がほぐれた状態が下のイラストです。

丸みを帯びた三角形のシルク繊維が 2 本採り出されました④。実はこの三角形がシルクの美しさの秘密の一つといえます。
　みなさんは小学生の理科の時間にプリズムについて学びませんでしたか。プリズムに太陽の光を通すとその光が 7 色に分解する、というものです。シルク繊維は三角断面をしています。だからそのプリズム効果で光を分解するために独特の光沢を放つのです。

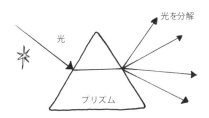

　またフィブロインを構成しているさらに細いフィブリル・ミクロフィブリルの繊維がさらに複雑に光を分解します。
　その上、蚕は頭を八の字に振って糸を吐きます。そのため繊維に天然のよじれが加わり、さらにその光が屈折し人工的に造り出せない光沢を発します。

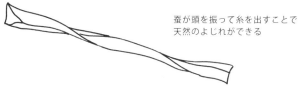

蚕が頭を振って糸を出すことで天然のよじれができる

　シルクの美しさの要素である独特の光沢はこういう理由によります。また、シルクは虫の吐く繊維のため動物性でタンパク質で構成されています。このたんぱく質は厳密に言うと 18 種類のアミノ酸からできています。したがって色々な種類の染料と結び付きやすく、とても奇麗な色に染めることができます。
　言い換えれば私たち人間は二本の手しか持っていません。したがってたくさんの友達が来ても、二人としか手をつなぐことができません。しかし

シルクは 18 本の手があるためより多くの友達と手をつなぐことができるというわけです。

シルクには18本も手がある!!

　また、光沢や色のほかにツルツルした表面感と柔らかさもシルクの魅力の一つだといえます。蚕が吐いた糸のため、繊維一本一本が細く長いため撚りをあまりかけなくても糸ができるためツヤがあり薄地でしなやかな生地ができます。女性が一生に一度ぐらいは着てみたいと憧れるウエディングドレスがシルクで作られるのも分かりますね。

　シルク繊維にはフィブリルとフィブリルの間にブランという空間があるということを前述しました。シルクはこの空間に水分を溜めるため吸水性や吸湿性がよく、空気が乾燥するとすぐに放湿するため着用してもサラサラしていて蒸れにくい素材です。高級スカーフやネクタイがシルクで作られるのは首に巻いたときに蒸れずにさわやかだからです。

　また、シルク繊維自体は熱伝導率が低いため、春夏の暑いシーズンには外気の暑さを内部に伝えにくく涼しく感じ、秋冬の寒いシーズンには外気

の寒さを内部に伝にくく、また体温を外に逃がしにくいため薄地でも比較的あたたかく感じます。

　他の繊維に比べると生産量が少なく価格が非常に高い素材です。中国産のシルクは国内産の半値以下で輸入されてきますが獣毛素材は別として、やはり他の素材に比べて高価であることには変わりありません。
太古の昔より貴族にしか着用が認められなかったというシルク。人工的に造り出せない光沢や風合いなど天然繊維の女王の風格がありますね。

シルクのブラウス、
とってもいいんだけど……

お客：「この前はどうもありがとう！　友人にもほめられたわ！」
店員：「ありがとうございます。お気に入りいただけて本当によかったです」
お客：「でも、このブラウス。やっぱり取り扱いは慎重にしなければいけないわよね」
店員：「そうでございますね。やはりシルクは繊維の女王といわれまして、美しい反面、とてもデリケートなものでございます・・・」

【ポイント】
高価な和服と同じ感覚で取り扱われることをおすすめします。
●汗や雨は禁物です
・シミになりやすいです。
　汗や雨に濡れることにより、染料や加工剤が水分によって周囲に広がってしまったり、濡れた部分の繊維が膨らみ、光が乱反射して光沢が変化してシミになってみえます。水分が乾いてもシミは残ります。

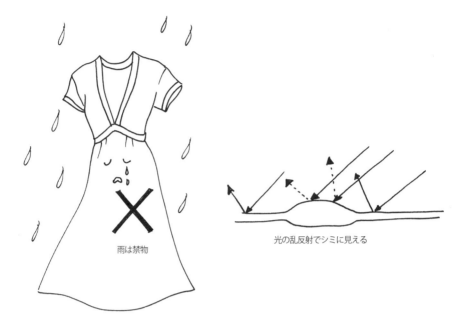

雨は禁物　　　　　　　　光の乱反射でシミに見える

　雨の日の着用はできるだけ控えましょう。レインコートの着用もおすすめです。水滴がついたときにすぐにハンカチなどで水分を吸い取ることが大切です。

　シミになった場合は、シミの部分にスチームアイロンを当てたり、服全体を水に漬けこんで自然乾燥することにより修正可能ということも言われていますが、シミを目立たせてしまったり、縮んだり全体的に風合い変化を起こす危険性が高いためあまりおすすめできません。すぐにクリーニング店に相談してください。技術の高いクリーニング店にお早めに相談すれば修正できる可能性が高いです。

　ネクタイやスカーフの場合ははっ水スプレー⑤を２０～３０ｃｍほど離して⑥まんべんなくかけておくと、水をはじきシミになりにくいです。ただし、使用前にシミにならないか目立たないところで試してからスプレーしてください。また、撥水スプレーをかけることで風合いが変化することもあります。ご使用の際は十分に注意してください。

・スレが発生しやすいです。

　濡れた状態で着用を続けるとスレて白っぽくなることがあります。シルクは水分を吸収すると繊維が膨らみフィブリルの束が緩められ割れやすくなります。この状態のときにこすられるとフィブリルが切れて毛羽立ってしまうのです。

　したがって濡れた状態で着用を続けることは危険です。汗をかくような激しい動きをするときの着用は避けましょう。ドラッグストアーなどで販売されている、汗取りパッドなどをわきの下に装着することもおすすめです。使い捨てのパッドですので出来るだけこまめに取り換えてください。長期間使用した場合、そのパッドが吸収した汗がシルクの服を変色させてしまうことがあるから注意してください。

●**紫外線に弱いです**

・直射日光、蛍光灯に長時間当てると日焼けしやすいです。

　シルクはタンパク質である18種類のアミノ酸でできているのですが、紫外線に当たることでその一部が黄色い物質に変化するといわれています。特にブルーやパープル系は変色しやすく、白は黄ばんでしまいます。また、淡色系のシルクも色あせすることがあります。

　保管の際は湿気の少ない洋服ダンスにしまってください。また窓際での保管は避けましょう。ショップでのウィンドーディスプレーも避けましょう。

●**摩擦に弱いです**

・スレ、目寄れの原因になります。

　シルク繊維は細い繊維が何本も撚り合わせられて一本の糸になっているため細い繊維が分裂して毛羽立ち、ひどい場合は糸が切れ擦り切れや穴あきが発生します。ショルダーバッグやベルト、手荷物でこすれると、ほこりがついたように白っぽく毛羽立ったり生地の織り糸がずれる（目寄れ）ことがあります。また折り曲げられている部分は擦り切れて破れ

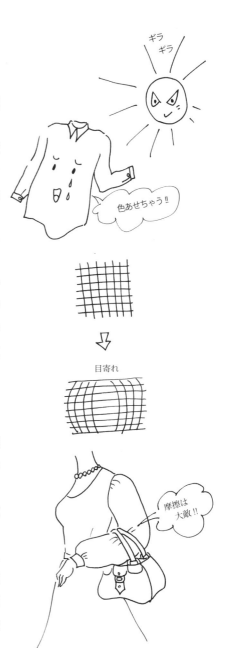

てしまうこともあります。

　滑りのよいなめらかな素材で作られた、セカンドバッグなどを持ち出来るだけ摩擦を抑えましょう。また、サイズの小さな服を無理して着ると摩擦を受けやすくなります。ゆとりのあるサイズの服を選び、動作もおしとやかにしましょう。気にいっているからと言って毎日着用せず、適度の着替えることも大切です。

●湿気は大敵です
・カビの原因や虫に食われたりします。
　シルクはタンパク質が成分のため湿度の高い場所で保管したり汚れたまま保管するとカビや虫食いの原因になります。湿度が高い梅雨や真夏のシーズンは特に注意をしてください。洋服ダンスの中に防虫剤とともに除湿剤などを入れることも一つの対策になると思います。

●香水やヘアースプレーでも変色します

・香水やヘアースプレーを直接服に掛けると、その時は見えなくてもドライクリーニングした後に変色することがあります。香水やヘアースプレーは服を着る前につけましょう。香水は服につけるのではなく、肌につけましょう。

●ドライクリーニングしてください
　・シルク繊維はデリケートな素材のためクリーニングも無理が利きません。ドライクリーニングも石油系溶剤での処理がおすすめです。なるべく汚さないようにして、汚れやシミは早めに技術の高いクリーニング店に相談しましょう。
　ウォッシャブルシルクといわれる水洗い可能なシルク製品が市場でも売り出されています。この製品の素材は、生地の段階で水で処理を施し、多少毛羽立たせて水洗いの変化を出来るだけ目立たないように加工されたも

のです。シルクのカジュアルダウン企画に使用されることがありますが、洗濯の際は中性洗剤を使用し短時間（2～3分）での押し洗いをおすすめします。

　また Ⓦ の取り扱い絵表示が表示されているシルク製品は、技術の高いクリーニング店でのウェットクリーニング（水洗い）が可能です。汗など水溶性のシミはドライクリーニングだけではきれいに落とすことができません。クリーニング店にその旨を伝えて相談しウエットクリーニングなどのクリーニングをしてもらいましょう。

❖ [合成繊維の服] ❖

 このブラウス、シルクのものとどう違うの？

お客：「このブラウス、シルクに似た生地だけど、何が違うの？」
店員：「はい、このブラウスは化学繊維でできております」
お客：「化学繊維って？」
店員：「はい！　化学繊維とは天然繊維と違いまして・・・え～っと・・・」
お客：「もういいわ！　話にならない！　店長を呼んでちょうだい！」

【的確な対応】
お客：「このブラウス、シルクに似た生地だけど、何が違うの？」
店員：「はい、このブラウスは化学繊維でできております。特にこのブラウスは合成繊維で作られています。化学繊維は人間が人工的に作った素材なんですが、なかでも合成繊維のブラウスはシルクのものと違って取り扱いがすごく簡単です。お家で簡単にお洗濯できますし、すぐに乾きます。シワにもなりにくいのでアイロンがけも簡単ですよ」

【ポイント】

この章の最初に述べましたが、繊維には自然界から採れる天然繊維と、人間が人工的に造った化学繊維があります。化学繊維は１００年ほどの歴史です。もともと繭を製糸して生糸を造る技術は中国にしかなく、輸入に頼るしかなかったヨーロッパ人が人工的にシルクを造ろうとして研究を始め生まれた素材なのです。

化学繊維の中でも合成繊維と呼ばれる繊維は石油が主な原料です。

　合成繊維はたくさんの種類の繊維が開発されていますが、特に服に大量に使われているのは"三大合繊"といわれている「ポリエステル」「ナイロン」「アクリル」という素材です。その他によく使われている素材として「ポリウレタン」という素材があります。

化学の力で、石油から繊維ができる！

服によく使われる合成繊維

- ポリエステル
- ナイロン
- アクリル
- ポリウレタン

それではこれらの素材について、共通する基本的な性質をお話ししましょう。

ここでのポイントは合成繊維の原料として主に「石油」が使われているということです。

みなさんは合成繊維の他に石油で何が作られているかご存知ですか。

それはプラスチックやビニール、ペットボトルなどです。プラスチックやビニール、ペットボトルはまさに合成繊維と同じように「石油」を原料にして造り出された化学工業製品なのです。繊維や物理・化学の専門家からすればお叱りを受けるかもしれないのですが、あえて多少荒っぽい言い方をすると、合成繊維はプラスチック・ビニール、ペットボトルと同じ性質だと思えば分かりやすくなります。

みなさんは水で手を洗ったあと、ビニール袋で手を拭くことがありますか？　そんなバカな！　ですよね。ビニール袋で手を拭いても手はベタベタのままです。

まさしくここがポイントです。合成繊維は吸水性が少ない素材です。

これはよい意味で、水による影響をほとんど受けないということです。合成繊維で造られた服は雨に濡れたり水洗いしても、縮みやシミになったり、風合いが変化することはありません。

プラスチックの「したじき」に水をこぼしても、タオルでサッ！　と拭けば何事もなかったかのように乾いています。これは水が表面にだけについて中まで浸み込まないからです。合成繊維の服の場合も同じこと。水分が繊維の内部に入り込まないために、脱水機にかけるとほとんど乾いたような状態になり、すぐに着ることもできます。

また、プラスチックの「したじき」は弾力性があり曲げてもすぐに元に戻るように、合成繊維で作られた服は繊維自体に弾力性があり着用や洗濯でシワになりにくく、型崩れしにくいためアイロンがけの必要もあまりありません。
　もう一つ大きな特徴が合成繊維にはあります。
　熱可塑性（ねつかそせい）という性質です。熱可塑性とは「形を付けて熱を加え、冷やすとその形のまま固定される性質」のことです。プラモデルを含めプラスチック製品でさまざまな形のものが作られるのは、この性質を生かしているのです。
　服にどうして熱可塑性？　と思われる方もいるでしょう。
　たとえばプリーツスカート。これは繊維に熱可塑性がなければできないデザインです。
　プリーツスカートはプリーツにたたんでから、熱を加えて押さえつけることによって造られます。しかし素材に熱可塑性がなければ製品化しても着用や洗濯でプリーツが消失してしまい消費者クレームの対象となります。合成繊維はプラスチックの性質、と考えれば熱で加工されたプリーツスカートはいつまでもきれいな襞（ひだ）が残ることがわかっていただけると思います。
　日本には昔は寝押し①という生活習慣がありました。
　ウールにも多少、熱可塑性があります。ホットカラーで髪の毛を整えるときを思い出してください。髪の毛を巻いて熱を加えるときれいにカールしませんか？　服だって同じこと。センターラインがしっかり入ったビジネススーツのパンツや女子高生のセーラー

布団の下に敷いて寝る

新聞にはさんで整える！

117

服のプリーツスカートはウールで造られたのです。でも髪の毛のカールは時間がたてば徐々に取れてゆきます。ウールで造られた服も着用して時間がたつと徐々にセンターラインやプリーツの襞が緩んできてしまいます。

　そのために昔は寝押しをしたのです。

　今はウールの永久プリーツ加工②が開発されており寝押しの習慣はほとんどなくなりました。ビジネスマンのスーツでもズボンプレッサーをあまり使用しなくてよくなりました。

　また、ウールに合成繊維を混ぜる③ことにより、熱可塑性を向上させたパンツやスカートも造られています。ウール以外に熱可塑性の全くない素材。たとえばコットンや麻④に合成繊維を混ぜることで、プリーツスカートが作られるケースもあります。

　また人間が造った合成繊維はその目的に応じて繊維の形を変形させることができます。

　合成繊維は製造されるとき元となる原料は熱せられドロドロの水あめのような状態に熔けています。それを小さな穴（ノズル）から勢いよく噴出し、すぐに冷やすことにより繊維になります。そのときにノズルの形を変えることでさまざまな繊維の形状を作ることができるのです。このことは合成繊維が機能はそのままで天然繊維にはない風合いや光沢を出したり、新しい機能を付けたりすることもできるということです⑤。

ノズル（口金）　日本化学繊維協会ＨＰ

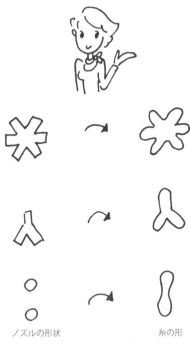

ノズルの形状　　　　　　　糸の形
ノズルの形状が変わると糸の形が変わるよ！

例えばシルクのような三角形の繊維の形にすることで、よりシルクに近い光沢を出したり、ウールのように繊維にクリンプをつけてふくらみを出し保温性を高めたりできるのです。

紡糸（糸にする）の様子

また、合成繊維はタンパク質の成分を一切含んでいないため、虫害にあう心配もなく、カビも生えにくい素材です⑥。
　しかし、このようなプラスチックやビニール、ペットボトルと同じような性質をもった合成繊維は、反面、熱に弱いとも言えます。アイロンを高温でかけると硬くなって縮んだり熔けることがあります。また、アタリやテカリの原因にもなるのでアイロンの温度には十分注意をしてください。

❖ [合成繊維のポリエステルの生地で作られた服] ❖

ポリエステルのブラウスについて聞かれた

お客：「このブラウス。シルクなの？」
店員：「このブラウスはシルクにとても良く似た素材で、ポリエステルでできています」
お客：「ポリエステルとシルクってどう違うの」
店員：「シルクは天然繊維なのですが、ポリエステルは合成繊維でして・・・」
お客：「じゃぁ！　シルクとは違うじゃない！　お安いわけね！」
店員：「お手ごろな価格というだけではなくって、シルクのような風合いがお勧めでして・・・」
お客：「とりあえず、デザインがかわいくって、お値段も手ごろだからこれでいいわ」

【的確なアドバイス】
店員：「このブラウスはシルクにとても良く似た素材で、ポリエステルでできています」
お客：「ポリエステルとシルクってどう違うの」

店員:「この素材はシルクにとてもよく似た風合いがありますね。でも風合いだけではなくシルクのブラウスと比べて取り扱いも簡単です。シワや型崩れもしにくく、いつまでもきれいに着ていただくことができますよ。ただし、シルクのように生地が薄いのでベルトやバッグは摩擦の少ない、滑りの良いものとコーディネートされるのがいいと思います。またお家で洗っていただけるんですが、きれいな淡いお色なので、濃い色目や汚れの激しいものとは分けてお洗濯なさってください。アイロンがけをされる際は中温であて布をしてください」

【ポイント】

　合成繊維の共通特徴のほかにポリエステルには酸やアルカリなどの薬品にも強く、洗濯の時に使う洗剤の影響を受けにくいという性質があります。これはポリエステルの服がどんな洗濯洗剤を使用してもザブザブ水洗いできるということです。前述したように他の天然繊維と混ぜて使用されることも多く、そのことで熱可塑性を高めたり、吸水性がありながら、さらに繊維の強さを生かして擦り切れにくくしたり、お互いの長所を生かしたテキスタイルが作られるのです。

　またポリエステルは「減量加工」という加工が施されているものがほとんどです。減量加工とは強いアルカリ性の薬品により、繊維の表面を溶かし細くしなやかにする加工です。

〈減量加工〉
薬品で繊維の表面を溶かし細くすると、
隙間があき、繊維が動きやすくなり、
生地がしなやかになる

しかし、通常の状態よりもかなり強度が落ち、破れやすくなったり、目寄れが生じやすくなります。

　企画段階で風合いや薄さを求めるあまりに、強度の減量加工をかける場合は注意が必要です。また、シルクと同じように滑りの悪いベルトやバッグなどとの摩擦や服のサイズが体に対して小さいときなどは摩擦が強く起こるので着用は注意しましょう。

　その他、白や淡い色の服については、汚れのひどいものと一緒に洗ったり、漬け置き洗いをすると、その汚れを吸収してうす黒くなることがあります。

　一般的に「逆汚染（ぎゃくおせん）」といわれる現象で、いくら再洗濯してもきれいに落ちません。こういった服を家庭で洗濯する場合は他の汚れのひどいものと洗うことは避け、短時間で洗うようにしましょう。また、油汚れが付くと洗濯してもなかなか落ちません。これは、ポリエステルが主に石油を原料に作られた素材であるために、油を吸着しやすい⑦性質があるからです。

　仕上げのアイロンは中温（１５０℃以下）でテカリを防ぐために当て布をすることをおすすめします。

❖ ［合成繊維のナイロンの生地で作られた服］❖

ナイロンのウインドブレーカーの説明

お客：「このウインドブレーカー。着やすそうだね！」
店員：「はい！　ありがとうございます！　たくさんのお客さまからお褒めの言葉をいただいております」
お客：「スポーツ用なんだろ」
店員：「スポーツをされるとき以外での日常でも気軽に着ていただくことができますよ」

122　第3章 繊維の種類と特性

お客：「だけど、生地が薄いからすぐに破れるよね」
店員：「そんなことはないと思うんですが・・・」

【的確なアドバイス】
お客：「このウインドブレーカーはスポーツ専用なんでしょ！」
店員：「はい！ でもナイロンでできていますから、スポーツをされるとき以外での日常でも気軽に着ていただくことができますよ。薄地なんですがすごく強い素材なので、擦り切れにくく破れにくいです。また、風合いも柔らかいので肌にもなじみます。軽くてすごく着やすいというのも特徴です。お洗濯の際は陰干しをおすすめします」

【ポイント】
　ナイロンはほとんどフィラメントで使われます。コットンやシルクよりも軽く、その上、繊維をかなり細くしても擦り切れにくく強度が強いためスポーツウェアーやランジェリー、パンティーストッキング、レギンスなどはナイロンで造られます。

　ポリエステルに比べ腰がなく柔らかで、少し吸水性があるため肌になじみやすいというのも特徴です。また、海水の影響も受けないため、昔からよく水着などにも使用されました。

　ナイロンで造られた白い服はシルクほどではありませんが直射日光に当たると徐々に黄色く変色する傾向があります。洗濯後、乾燥するときは日陰に干すようにしてください。また排気ガスによっても黄色くなることがあるので注意が必要です。

商品を企画するときは真っ白の企画は避け、少し生成りのカラーに振ることをおすすめします。
　ポリエステルに比べ耐熱性に弱いのもナイロンの特徴です。アイロンはやや低めの中温（１３０～１４０℃）で当て布をして当ててください。

 アクリルのセーターの説明

お客：「このセーターはウールなの？」
店員：「このセーターはアクリルでできているんですよ」
お客：「アクリル・・・いったい何なの？」
店員：「アクリルとは合成繊維の仲間でして・・・」
お客：「だからこんなに値段が安いのね！　やっぱり安っぽいかな？」
店員：「いえ！　そんなことはございません。お客さまによくお似合いだと思います」
お客：「私、安っぽいものね！」

【的確なアドバイス】
お客：「アクリル・・・いったい何なの？
店員：「アクリルとは合成繊維の仲間でして、人工的に作られた素材ですが一番、ウールに似た素材なんです」
お客：「あぁ～。だからウールと間違えたんだ！」
店員：「このセータ、少しご試着なさってみてください！　本当に軽いと思いませんか？　それにふくらみがありますから、とってもあたたかいです。お色もきれいでしょ！　お色の展開も豊富ですから何色か選んでいただいてもいいですね」
お客：「そうね！　お値段もお安いし、何色か選ばせていただくわ！」

店員：「ありがとうございます！　お家で手洗いができますが、形を整えて平干してください。アイロンをかける際は低温（１００℃以下）でかけてくださいね」

【ポイント】

　アクリルは化学繊維の中で最もウールに似ています。繊維の形状を変えることで獣毛のカシミヤタッチや粗い味のモヘヤタイプまで造ることができます。ウールよりも軽くて軟らかく、ふんわりとしたふくらみ⑧があり、空気をたっぷり含んだ糸が作れるためとても温かく感じる素材です。

　アクリルはステープルで使われることが多い繊維で単独で使われる場合もありますが、コットンやウールなどの天然繊維と混ぜて、お互いの長所を生かした糸が造られています。

　例えば、服の強度をアップしたり、熱可塑性のない素材と合わせてプリーツ製品を作ったり、特に軽くて丈夫なためにニット製品（セーターや手袋、靴下）が多く造られています。

　フィラメントで使われる場合はシルクのような光沢がでます。テープ⑨のような太い糸が作られて光沢のあるセーターが企画されます。

　また白や淡い色でもシルクのように退色したり黄色く変色することもありません。また、ウールと違って、カチオン染料という種類の染料ですごく鮮やかな美しい色に染まります。

　しかしアクリルは熱に弱いためアイロン温度は低温（８０〜１２０℃）で当て布をして手早くかけてください。

　またざっくり編まれたニット製品の場合は洗濯の際、型崩れすることがあ

ウールに似ているアクリル。
ニット製品ならおまかせ

125

りますので乾燥のときに形を整えて平干してください。仕上げアイロンはスチームを当て、浮かしながら形を整えます。

アクリルにはもう1種類、アクリル系（けい）といわれる素材があります。アクリルの主成分が少ない割合⑩で造られた素材です。燃えにくい⑪素材のためカーテンやかつらに使われます。

アクリルに比べて熱の影響を受けやすいため、タンブラー乾燥は避けてください。またアクリル系で造られたフェイクファー（毛皮に似せて作られた生地）やボアはスチームの浮かしアイロンでも毛が溶けてしまうことがあるのでアイロン掛けは厳禁です。

 ## ポリウレタン混のパンツの説明

お客：「このパンツ・・・すごい細身だけれど、履けるかしら？」
店員：「シルエットは細身ですが、この素材、けっこう伸びるんです。着用されても窮屈ではなくすごく楽ですよ」
お客：「あら！ 本当だわ！ すごく楽ね！ なぜこんなに伸びるの？」
店員：「はい！ 生地にゴムが入っていて、よく伸びるんです」
お客：「ゴム？ じゃぁ～、すぐにダメになるわね！ だって、輪ゴムって一年ぐらいですぐに伸縮しなくなるじゃない」
店員：「そんなことはないとは思うんですが・・・」

【的確なアドバイス】
お客：「このパンツ・・・すごい細身だけれど、履けるかしら？」
店員：「シルエットは細身ですが、この素材、けっこう伸びるんです。着用されても窮屈ではなくすごく楽ですよ」
お客：「あら！ 本当だわ！ すごく楽ね！ なぜこんなに伸びるの？」

店員:「はい！ 生地を織っている糸にポリウレタンが入っていて、よく伸びるんです」
お客:「ポリウレタンって何なの？」
店員:「はい！ ポリウレタンはゴムのように伸びる繊維です。ゴムとは違ってすぐに伸縮性がなくなることはありません。ただし、熱に弱いためアイロンがけは低温でお願いします。また、塩素系の漂白剤は使用しないでくださいね。」

【ポイント】

　今まで紹介してきた3つの素材と違い、ポリウレタンには特別な特徴があります。それは繊維自体にゴムのような伸縮性⑫がある素材だということです。またフィラメントで非常に細い糸を造ることができます。ゴムより軽く、ゴムは1年ほどで劣化して伸縮性はなくなりますがポリウレタンは劣化しにくく、一年で伸縮性がなくなることはありません。そのため100％で使用される服はなく、他の繊維と混ぜて使います。

　ポリウレタンと他の繊維を混ぜた糸は、カバード糸、コアスパン糸、プライ糸などがあります。

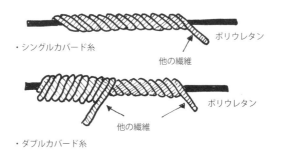

　麻のセーターの袖口や裾部分の伸びを防ぐために挿入したり⑬、ナイロンと絡ませて伸縮性の強い水着を造ったり、細身のスキニーパンツのデニム素材に混ぜ、ストレッチ性を出して着用での窮屈な感じを軽減したりします。ポリウレタンは繊維の中で縁の下の力持ち的存在です。

　このように他の繊維と混ぜて使用することが多いポリウレタンですが、染色性は他の繊維に比べて悪く、ポリウレタンだけは染まらないで白く残ることが多いです。

　また塩素系漂白剤で黄色く変色したり劣化が早まりますので洗濯では使用しないでください。

　熱にも弱く高温や中温のアイロンをかけるとアタリが出たり縮んだり、伸縮性が低下したりします。アイロン掛けは低温（１００℃以下）で当て布をして掛けてください。またポリウレタンの入った生地を引っ張ってアイロン掛けをすると、伸縮性が低下するので注意してください。

❖ [再生繊維の服] ❖

 化学繊維って、合成繊維だけなの？

お客：「あら！　このドレス、シルクじゃないのね！」
店員：「はい！　そうでございます。シルクではございません」
お客：「レーヨンって化学繊維でしょ！　合成繊維なの？」
店員：「はい！　化学繊維です。合成繊維ではないと思うんですが・・・」

128　第3章 繊維の種類と特性

お客：「化学繊維って合成繊維でしょ？　ポリエステルの服とどう違うの？」
店員：「えぇ〜っと・・・それはですね・・・何と言いましょうか・・・」

【的確な対応】
お客：「あら！　このドレス、シルクじゃないのね！」
店員：「はい！　そうでございます。このドレスはレーヨンという素材で作られております」
お客：「「レーヨンって化学繊維でしょ！　合成繊維なの？」
店員：「化学繊維なのですが、再生繊維というグループの化学繊維です。再生繊維というのは、石油を原料とした合成繊維ではなく、植物を使って人間が人工的に造った繊維です。主に石油で造られたプラスチックやビニール、ペットボトルに似た合成繊維とは違って、天然繊維の植物繊維に似た性質があります。湿気をよく吸収しますので着用していて蒸れずにサラサラした風合いです。その上、落ち感もいいのでとてもきれいなドレスシルエットが出ますね」

【ポイント】
　人間が人工的に造った化学繊維の中でも、再生繊維といわれるグループの素材は以下の3素材です。
・レーヨン
・ポリノジック
・キュプラ

　レーヨンとポリノジックは森林の木から採れる「木材パルプ」が原料です。またキュプラはワタから綿繊維をとったあとに残った「コットンリンター」といわれる短い繊維が原料なのです。
　再生繊維は木材パルプやコットンリンターから植物繊維の主成分①を化

学薬品で溶かします。その溶けた成分をもう一度、細長い繊維に再生して造られた素材です。したがって、主に石油で造られたプラスチックやビニール、ペットボトルに似た合成繊維とは違って、天然繊維の植物繊維に似た性質があります。

　もっと単純に言うならば、木材パルプは「紙」の原料でもあることはみなさんもご存じだと思います。そうです、レーヨンもポリノジックも木材パルプが原料なので紙と同じ性質だと思えばいいのです。また、コットンリンターは綿繊維の短い繊維だと思えば、キュプラはコットンに近い性質だということがお分かりだと思います。

　では「レーヨン」「ポリノジック」「キュプラ」について順番に説明しましょう。

●レーヨン

　紙の原料と同じ木材パルプから造られるレーヨンは吸水性や吸湿性が高く、サラッとした肌触りで春夏シーズンの服によく使われる素材です。また水に溶けた染料をよく吸収するため美しい深みのある色を出すことができます。

　その上レーヨンは光沢も美しい素材です。
何度も言うようですがシルクを人工的に造ろうとしてヨーロッパ人②によって発明されたのが化学繊維です。そして一番最初の発明はレーヨンだったのです。日本人はその昔、レーヨンのことを「人造絹糸（じんぞうけん

コットンリンターってなに？

綿花の中にコットンのタネが5〜6個入っています

そのタネからコットンを採る

タネの周りに残った短い繊維がコットンリンターだよ

し）」と呼んでいました。人間が人工的に造り出したシルクという意味です。今でも繊維業界ではシルクのことを「正絹（しょうけん）」、レーヨンのことを「人絹（じんけん）」と呼ぶ風習がありますが人絹は人造絹糸の略語なのです。レーヨンはシルクに似た光沢がある繊維であることの証明でもありますね。

　ではなぜ、レーヨンの光沢はシルクに似ているのでしょうか？

　それはレーヨンの繊維の形によるものです。写真を見ていただければわかると思うのですが繊維の断面は凹凸です。この形が光を微妙に分解、屈折させるためにシルクに似た光沢や風合いが出るのです。

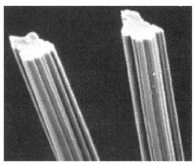

レーヨンの繊維形状／日本化学繊維協会ＨＰより

　またレーヨンはとても柔らかいのに重みがある繊維です。このことは言い換えればドレープ性が良いということになります。「ドレープ」とは服をゆったりまとわせるという意味で、自然にできた生地のたるみが優雅なことを言います。生地に重みがあり下に落ちようをする力が強いと、軽くてハリがある生地に比べ「美しい落ち感」とも言えるドレープ性が出てくるのです。レーヨンはシルクのように美しいドレスシルエットを演出できる素材です。

　しかし、レーヨンは水分を吸収するとコットンが縮む時と同じ理由で縮んでしまいます。その上、吸水性が高いためその寸法変化も激しく、一旦縮ん

レーヨンはきれいなドレープが出るよ！

131

でしまうと回復させることは非常に困難です。

　またみなさんは新聞紙の上に水滴が落ちたことを経験したことはありませんか？　新聞紙は水滴がついたところだけ波打ったようになり表面がボコボコに変化したと思います。レーヨンで作られた服も同じことです。水滴（雨）が付いた場合、その部分だけが膨らみ光が乱反射して（109頁シルクのシミ参照）輪ジミになって見えます。レーヨンの水滴による輪ジミはシルクのそれより、その部分が縮んでいたり風合いが変化していたりしてはるかに修正が難しいといわれています。その上、水に濡れた状態で揉んだりこすったりすると、毛羽立った白っぽくなったり色移りすることがあります。家庭での洗濯は避けてください。このようにレーヨンは水に非常に弱いという一面があります。

　また、レーヨンは紙と同じなのでシワになりやすい素材です。着用によるシワはアイロンで回復することができますが、スチームアイロンによりシミになることがあるのでドライアイロン（中温、当て布）で修正してください。

●ポリノジック

　ポリノジックはレーヨンの水に弱い部分を強化した素材といえます。また、綿と同じ加工③もでき、しわの発生も少なく水洗いでも縮みや型崩れは少ない繊維です。

　法律上、品質表示を「レーヨン」と表示することもできるため"レーヨン"と表記されていて、「手洗い可能」の表示が付いているときはポリノジックであることもあります。

　ただしレーヨンに比べハリやコシがある繊維です。

　そういった特徴の違いからレーヨンはエレガンスなドレッシーな企画で用いられ、ポリノジックはカジュアルなシャツ、ブラウス企画で用いられるケースがあります。

●キュプラ

　キュプラはコットンリンターを原料にしている素材です。綿の性質に近いということはすでに述べました。その上、とても細い糸を造ることができ、薄地の生地を造ることができます。主にフィラメントで使われることが多く、ツルツルとした肌触りとしなやかな風合いです。また綿と同じ性質のため吸水性や吸湿性が高くさわやかで、きれいな色に染まります。

　日本では服の裏地④として使用されることが多いです。裏地としての最高級素材はシルクですが、擦り切れやすいという問題があります。キュプラは摩擦に強く擦り切れにくい素材です。こういった点も裏地素材として使われる理由です。

　しかしキュプラは水洗いで少し縮むことがあります。また擦り切れにくい素材ですが濡れた状態で強くもむと、毛羽立ち光沢が減少し白っぽくなることがあるので注意してください。基本的には手洗い程度の水洗いは可能です。

●その他、テンセル・リヨセル・モダール

　再生繊維には比較的新しく開発された素材があります。「テンセル」「リヨセル」「モダール」といった繊維です。「テンセル」「リヨセル」はユーカリの木（木材）を特殊な溶剤で溶かして作られます。しかしまだ歴史が浅い素材のため法律⑤で定められた「指定用語」はありません。

　今までは指定用語以外の繊維名を使う場合は「指定外繊維」という用語を使用していましたが、平成２９年４月１日に施行された法律で「指定外繊維」の用語が廃止されました。

　したがって、テンセル・リヨセルについては"再生繊維（テンセル）"あるいは"再生繊維（リヨセル）と表記しなければなりません（第１章10頁〜11頁参照）

　モダールについてはレーヨンとほとんど製法が同じなため法律上「レーヨン」と表記しなければいけないことになっています。

例）

再生繊維（テンセル）１００％

再生繊維（リヨセル）　８０％
ポリエステル　　　　　６０％

　テンセルやリヨセルはユーカリの木（木材）を特殊な溶剤で溶かして作られますが、その溶剤を回収して再利用するため、工場からの廃液が放出されないため地球にやさしい繊維といわれています。また土に埋めると微生物によって土に分解されるためエコロジー繊維と言われています。

　ドレープ性やソフトな風合い、深みのある光沢をもっていながら、レーヨンよりも水に強く、ある程度の水洗いにも耐えます。しかし、濡れた状態で強くもむと、毛羽立ち光沢が減少し白っぽくなることがあるので注意してください。

　また「レーヨン」と表記しなければいけないモダールはポリノジックよりもさらに水に強く、強度もありスポーツウェアーなどにも使われています。

❖ [半合成繊維の服] ❖

服にシミがついちゃった。
家でシミ抜きしようかな……

お客：「この前、こちらで買ったドレスなんだけど口紅がついちゃったのよね。家でシミ抜きできる？」
店員：「あら！　大変なことになりましたね。市販されているシミ抜き剤を使えばシミ抜きはできると思います」
お客：「そうなのね！　助かったわ！　こんなちょっとしたシミだったら簡単だよね」

店員:「最近のシミ抜き剤は優秀です」
店長:「お客さま！ 少々、お待ちください。組成表示を確かめますね・・・これはアセテートが使われていますね。ご家庭でのシミ抜きは避けられたほうがいいですね」
店員:「アセテート、ってなんですか？」

【的確な対応】
お客:「この前、こちらで買ったドレスなんだけど口紅がついちゃったのよね。家でシミ抜きできる？」
店員:「あら！ 大変なことになりましたね。組成表示を確認させてください。アセテートが使われていますね。ご家庭でのシミ抜きは避けられたほうがいいですね」
お客:「アセテートって、何なの？」
店員:「アセテートは化学繊維ですが、合成繊維のような性質と再生繊維のような性質をもった素材なんです。シルクに似た光沢や色、そしてソフトな風合いと手触りがおすすめの素材です。ただし、アセテートはシミ抜きによく使われるシンナーやマニュキアを落とす除光液などで溶けて穴が開くことがあります。シミ抜きはクリーニング業者などのプロにお任せになったほうがいいと思います」

【ポイント】
化学繊維には合成繊維と再生繊維のほかに、半合成繊維という素材があります。半合成繊維は簡単に言うと、半分は再生繊維（植物性繊維）の性質、もう半分は合成繊維の性質がある素材です。
　半合成繊維で服によく使われる素材はアセテート・トリアセテートです。そのほかにプロミックスという牛乳を原料とした素材がありましたが、ほとんど市場に出回らなくなり、平成２９年４月１日の法律改正により指定用語から削除されました①。

アセテート・トリアセテートは再生繊維（レーヨン・ポリノジック）と同じ木材パルプが主原料ですが、半合成繊維はこれらの天然原料に化学薬品②を化学的に作用させて造られた素材です。

　アセテートもトリアセテートも製法はほぼ同じで法律上はどちらも「アセテート」と表示しても問題ないことになっています。

　しかしその性質はアセテートがレーヨンに近く、トリアセテートがポリエステルに近いといえ、取り扱いも少し違うので「アセテート」「トリアセテート」と明確に分けて表示する方が消費者には親切でわかりやすいと思います。

　二つの素材の性質や取り扱いの違いについて詳しく説明する前に、モノ・ジ・トリ・テトラ・ペンタ・・・・。といった言葉をみなさんは存知でしょうか？

　化学の分野で使われるギリシャ数字の読み方です。1は「モノ」、2は「ジ」、3は「トリ」、4は「テトラ」、5は「ペンタ」・・・と読み、モノは「モノレール」、ジは「ジレンマ③」、トリは「トリオ」、テトラは「テトラポット④」、ペンタは「ペンタゴン⑤」といった言葉に活用されています。実はこの言葉が繊維の世界でも使われているのです。

　アセテートは「ジアセ」。トリアセテートは「トリアセ」とよく言われます。アセテートとトリアセテートはレーヨンと同じように木材パルプを原料としていますが、これに化学的に作られた酢酸の粒が2つひっついたものがジアセ、3つひっついたものがトリアセです。

　トリアセはジアセより化学的に合成された酢酸が多くひっついています。そのため、より合成繊維に近く、したがってポリエステルにより近い性質になります。一方、アセテートはトリアセテートに比べてより再生繊維に似るので、よりレーヨンに近い性質になります。

　どちらの素材もプラスチックの性質があるので熱可塑性があり熱でプリーツをかけることができますがトリアセテートの方がより熱可塑性は強いと言えます。またどちらの素材も紙の性質も持っているわけですから、

吸水性、吸湿性があり着用していて蒸れずにさわやかな素材です。そして水に溶けた染料もよく吸収しきれいな色に染まります。

こうした共通点の一方で、アセテートは水に濡れると強度が弱くなり、トリアセテートはアセテートに比べ吸水性や染色性は少し落ちるという性質の違いがあります。

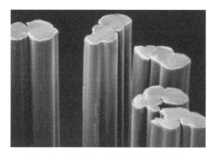
アセテートの繊維拡大写真／日本化学繊維協会ＨＰ

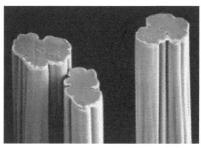
トリアセテートの繊維拡大写真／日本化学繊維協会ＨＰ

写真のように、アセテートもトリアセテートも断面は凹凸があり、この形が光を微妙に分解、屈折させるためにシルクに似た光沢や風合いが出ます。どちらの素材もコットンやレーヨン、キュプラより軽く、ウールに近いふくらみがあり保温性、弾力性に優れている素材ともいえます。

しかしアセテートはトリアセテートの比べハリ、コシがなくシワになりやすいという欠点があります。また、シミ抜きをするときにアセトンやシンナーを使用すると服が溶けて穴があいてしまうので使用しないでください。

またアセテートは８０℃以上のお湯の中では軟化して、シワができるとまったく取れなくなってしまいます。家庭ではそんな高温で洗濯することは考えにくいですが、クリーニング工場での高温のランドリークリーニングや染色工場での高温染色は注意が必要です。

家庭で洗濯をする際は中性洗剤を使用してください。アイロンがけは中温あて布が適当です。

❖ [新合繊の服] ❖

吸汗、速乾、冷感って下げ札がついているんだけど……

お客：「今度、ゴルフコンペで着たいと思っているんだけど、吸汗、速乾、冷感、って下げ札に書いてあるけど、そんなに機能があるの？」
店員：「はい、下げ札にある通り、吸汗、速乾、冷感機能がございます」
お客：「普通の服でも汗は吸うし、普通に干していれば乾くと思うけど・・・これって過剰表示じゃないの？」
店員：「たしかに、おっしゃる通りでございますね・・・」

【的確な対応】

お客：「普通の服でも汗は吸うし、普通に干していれば乾くと思うけど・・・これって過剰表示じゃないの？」
店員：「たしかに、おっしゃる通りなのですが、通常の素材に比べましてやはり素早く汗を吸収します。また、吸収した汗をすぐに乾燥させるのでベタつかずにサラサラした着心地が続きます。その上、汗を乾燥させるときに体の皮下熱を奪いますので本当に涼しく感じます。これからの暑い季節の、ゴルフラウンドにはぴったりのウェアーだと思いますよ」

【ポイント】

　吸汗、速乾、冷感素材は文字通り、汗をよく吸収し、その汗がすぐに乾き、着用していると涼しく感じる素材をさします。
　それも、前述した化学繊維。その中でもプラスティックやビニール、ペットボトルと同じ性質だといった、合成繊維でその機能を持った素材です。合成繊維は吸水性がほとんどないために、服は雨に濡れたり水洗いしても、

縮みやシミになったり、風合いが変化することはありません。しかしそれは反面、汗をかいても吸収されず服はべたべたと体に貼りつき、吸湿性も乏しく着用していると蒸れて暑いという欠点にもつながります。

　それらの問題点を解消したのが、新合繊と呼ばれる新しい合成繊維です。それも従来のポリエステルやナイロン、アクリルといった素材に改良が加えられそれらの機能がついたのです。

　では、どのような改良が加えられたのでしょうか？

　それは合成繊維に共通する基本的な性質のところでも述べたのですが、人間が造った合成繊維はその目的に応じて繊維の形を変形させることができるという点です。このことは合成繊維が機能はそのままで天然繊維にはない風合いや光沢を出したり、新しい機能を付けたりすることもできるということでした。

まさしくこれが新合繊の秘密です。

合成繊維の形状を変えて新しい機能を付加した「新合繊」の断面3種／日本化学繊維協会HP

　これらの写真は合成繊維の繊維形状を変えて新しい機能をつけた素材の拡大写真です。

円形断面ポリエステル／日本化学繊維協会HP

元来のポリエステルがこんな形をしているため、その形の違いというのは一目瞭然ですね。

　では、繊維の形を変えるだけで、今までになかった機能を持つことができるのでしょうか。代表的なポリエステルの吸汗、速乾、冷感素材の原理について簡単に説明します。

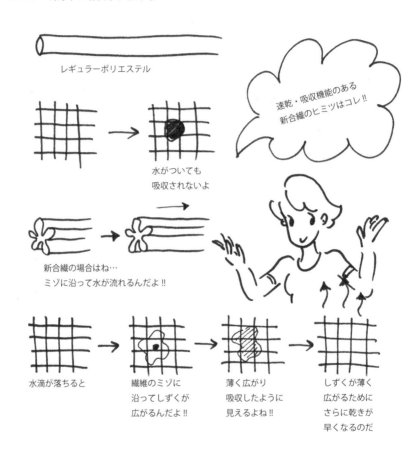

 ## 発熱繊維って本当に、自然に発熱するの？

お客：「発熱って書かれているけど、気分の問題じゃないの？」
店員：「いえ、本当にこのインナーはあたたかいんですよ！」
お客：「あなたがそんな風に言うから、そう思いこまされているだけでしょ！」
店員：「いえ、そんなことはございませんが・・・」

【的確な対応】

お客:「発熱って書かれているけど、気分の問題じゃないの?」

店員:「いえ、本当にこのインナーはあたたかいんですよ！ この素材はお客さまの体から出る湿気を吸収して熱に変えます。だから、ほかのインナーと違ってさらにあたたかくなります」

お客:「あなたがそんな風に言うから、そう思いこまされているだけでしょ！」

店員:「吸湿熱と申しまして、あったか弁当と同じ原理です。あたたかくなるお弁当はひもを引っ張ることで、中の水袋が破れて周りの石灰に吸収されて発熱されます。あの原理と同じで体から出た湿気を吸収して発熱するんです」

【ポイント】

　自分で発熱する繊維のことを発熱繊維といいます。発熱するメカニズムも色々あるのですが、代表的なものは太陽の熱や体温を利用して発熱する繊維や着用したときに出る湿気によって発熱するものもあります。

　太陽の熱や体温を利用して発熱する繊維は熱を加えられると遠赤外線を放射するセラミックスが繊維の中に練りこまれているため、太陽や体温の熱でさらにあたたかくなるといった繊維です。

　いま、最もよく使われていて大手量販店でも販売されている発熱素材を使ったTシャツは着用時の湿気によって発熱する繊維です。ではどんな原理で発熱するのでしょうか。

　前述した最もよく使われていて大手量販店でも販売されている発熱素材を使ったTシャツの組成表示を見てみるとアクリル、ポリエステル、レーヨン、ポリウレタンと記載されていました。秋冬のウール（87頁）でも述べたのですが、実はウールも自ら発熱するためにあたたかい繊維の一つです。これらの素材の共通特長は何か。それは吸湿性の高い繊維であるということです。

アクリル、ポリエステルは繊維の形を変えて吸水、吸湿性をＵＰした新合繊を使っています。また肌触りをよくするために再生繊維のレーヨンを使っていますが、レーヨンはもともと吸水、吸湿性の高い繊維です。また単独でも、発熱するといったウールも吸湿性は高い素材です。
　ではなぜ、吸湿性の高い素材は発熱するのでしょうか。
　それは吸湿熱といわれる現象なのです。
　人間の体は常に水分を水蒸気にして外部に発散させています。水蒸気は水分の粒が自由に動くことができるエネルギー（熱）を持っています。その水蒸気が繊維に吸収されると、繊維の中に閉じ込められた水分の粒は自由に動くことができません。動くことができなくなったエネルギーは本来「熱」のために、繊維自体があたたかくなるのです。簡単に言えば、吸湿性がある繊維はすべて発熱しているといえます。でも水分がすぐに外部に放湿されればエネルギーはまた動く力に変わり熱はなくなります。しかしこのときに発熱された熱だけを保温するのです。
　発熱素材としてあたたかく感じる服は、発熱された熱を外部に放熱しないように、保温性をしっかり持った素材です。大手量販店でも販売されている発熱素材を使ったＴシャツはアクリルという、ウールに似たふくらみを持ち保温力の高い繊維を使っています。ウールは元々クリンプがありふくらみがあるため、発熱したわずかな熱も保温してしまいます。
　発熱素材は吸湿することにより発熱された熱を保温する能力があって初

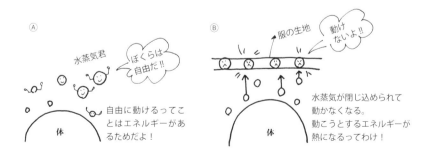

めて実現する機能なのです。一時、発熱素材なのに生地の薄さを追及しすぎたため、保温能力が低下し温かくないと言う消費者クレームが発生したことがあります。その後、メーカは生地を少し厚めに改良し保温性を高めた発熱素材に変更しています。

そのほかにも色々な新合繊・機能素材の開発は続けられています。機能だけでなくほとんど天然繊維の光沢や風合いと変わらない素材が化学繊維で開発されています。

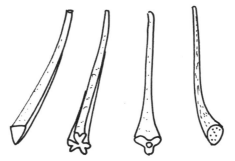

いろいろ繊維の形を変えた新合繊が次々と生みだされている

スカートが足にまとわりついて困るんですが……

お客：「この前買ったスカートなんだけど、足にまとわりついて困るのよ！」
店員：「今のシーズンは特に静電気が発生しやすいのだと思います。静電気は自然現象でどうしようもないですね」
お客：「あなた、そんなことを言ってもこのスカートじゃ、まとわりついて歩けないのよ！」
店員：「そうおっしゃられましても・・・」

【的確な対応】
お客：「この前買ったスカートなんだけど、足にまとわりついて困るのよ！」
店員：「今のシーズンは特に静電気が発生しやすいのだと思います。静電気防止スプレーがございます。これをスカートの内側に振られますと静電気の発生を抑えられます。ポリエステルのスカートでしたらナイロンのストッキングに特に貼りつきやすくなります。キュプラのペチコートをはかれると、かなり解消されます。お家では加湿器などで室内を加湿なさってみてください」

【ポイント】
　静電気の問題は化学繊維に限らず、天然繊維でも発生する問題です。空気が乾燥する冬シーズンにはスカートがまとわりついたり、指先にバチッと電撃を受けたりします。
　静電気はマイナス（－）の電気を帯びるものと、プラス（＋）の電気を帯びるものが近づくことによって、まとわりついたり放電して電撃が発生したりします。静電気は湿度が６０％以上の季候では発生しにくいのですが、それ以下では湿度が低いほど発生しやすいのです。ではなぜ空気が乾燥すると静電気の問題が起こるのでしょうか。
　水は電気をよく通す物質です。汗や空気中の湿度が高い場合は体や繊維に発生した静電気は自然に漏れてゆきます。一方、乾燥して水分がなくなると電気は漏れずに溜まって、（＋）と（－）のものが近づくと引き寄せあったり、一気に放電したりします。
　特に合成繊維のアクリルとポリエステルは（－）の電気を帯びやすく、ウールやシルク、といった天然繊維、それに合成繊維のナイロン、再生繊維のレーヨンやキュプラは（＋）の電気が帯びやすいのです。したがって特に空気の乾燥した冬場にポリエステルのフレアースカートとナイロンのレギンスなどを合わせると足にスカートが張り付いてどうしようもなくなることがあるのです。

冬のコーディネートは服の素材に注目して合わせることもポイントです。

電位表

（＋）帯電しやすい　　　　　　　　　　　　　　　　　（－）帯電しやすい

毛皮・ウール・ナイロン・再生繊維・シルク・皮革・綿・麻・ポリエステル・アクリル

　洗濯のときに柔軟剤⑦を使用すると、空気中の水分を捕まえ、服の表面に水分を保つため静電気が発生しにくくなります。ただし減量加工をしたポリエステルは繊維同士が滑りやすくなり目寄れが発生することがあるので使用しないでください。また静電気防止スプレー⑧も効果があるので試してみてください。

　また、室内にいるときは観葉植物に水を与えたり、加湿器で室内の加湿をするとまとわりつきや電撃などの問題はある程度解消されます。

　最近では従来の合成繊維に静電防止の糸を混ぜることにより、静電気を防いだ生地もたくさん出ています。特にポリエステルの裏地は静電気の対応素材がほとんどです。これも新しく開発された素材といえると思います。

①プロミックスを表示する際は「半合成繊維（プロミックス）」と表示する。
②アセテート・トリアセテートは酢酸。プロミックスはアクリロニトリル
③二つのものに板挟みになること
④海岸線に設置されている４本足のコンクリート消波ブロック
⑤米国防総省・五角形の建造物
⑥マニキュアを取るときに使用する除光液
⑦ソフラン・ハミング・ファーファ・レノアなど
⑧エレガードなど

第4章
糸の秘密

　第3章では繊維素材の特徴について述べてきました。繊維は糸にするとその特徴がさらに変化します。この章では繊維と糸の違い、糸が生地に与える影響、糸の太さや撚り方、などに関する基本的なことを述べ、繊維から作られた糸が生地や服に与える影響について解説します。

❖ [繊維と糸の違い] ❖

繊維と糸は違うの？

お客：「このセーターは何でできているの？」
店員：「はい！ウールの糸でできております。とても柔らかくてあたたかいセーターですよ」
お客：「ウールって羊の毛でしょ？　糸じゃないわよね！」
店員：「そうでございますね・・・」

【的確な説明】
お客：「このセーターは何でできているの？」
店員：「はい！ウールの糸でできております。上質の羊の毛を刈って柔らかく撚られた糸で作られたセーターでございます。とてもふくらみがあり、柔らかくてあたたかいセーターです」

【ポイント】
　「繊維」と「糸」とは違うものなのでしょうか？
　「繊維」というと「糸」のように思ってしまいますが、「繊維」と「糸」は少し違うものです。簡単に説明すると「繊維」とは細くて長くてしなやかなもの、「糸」はその繊維が長くつながったものをいいます。
　繊維には2つの種類があります。
　短繊維（ステープル）と長繊維（フィラメント）です。
　短繊維はワタ状になった短い繊維。長繊維とは釣り糸のように、細長くつながった繊維のことです。
　天然繊維のウールやコットン、麻はすべて短繊維です。第3章でも説明しましたが、化学繊維は、はじめは長繊維です。その長繊維をあえて短く

切って短繊維にしてから糸にすることもあります。天然繊維でもシルクは長繊維ですが、あえて短繊維にして糸にすることが多いのです。

「そんなこと、どっちだっていいよ！　服には関係ない」と思ってしまう方もいるでしょう。でも繊維の状態が違うと糸の状態が変わり、糸の状態が変わると生地が変化し、服に影響を与えます。繊維の形状が違うことで服の見え方もデザインそのものも変化し、着用シーズンや取り扱い方法まで変化するのです。

世界的なデザイナーは繊維の特性を熟知し、その良さを生かすためにはどんな糸にすればいいのか。そしてその糸でどんな生地ができあがり、自分が意図するデザインの服がちゃんとできあがるかどうか、というところまで考えます。

みなさんは、いま自分が着ている服がどんな思いで作られたのか、どんな良さがあるのか。そしてデザイナーはこの服で何を表現したかったのか。そこまで考えたことがありますか？

繊維について知ることは、表面的なデザインやカラーだけではなく、その内側の良さに迫れる条件なのです。ですから、繊維について解説したこの章は、みなさんが思ってるよりもずっと重要な章だと言えます。

❖ [糸の種類] ❖

糸にはどんな種類があるの？

【ポイント】

　糸には大きく分けて2つの種類があります。フィラメント糸とスパン糸です。

　その2種類の中でもフィラメン糸は、長い繊維（長繊維）をそのままの長さの状態で糸にしたものです。

　魚釣りに使う糸はフィラメント糸です。繊維をそのまま糸として使用できるので、撚りはあまり必要ありません。

　フィラメント糸の風合いはその繊維の太さや、合わせる本数によって変わります。釣り糸の場合は「一本のフィラメント」（モノフィラメント）です。釣り糸と同じ太さでも、細いフィラメント糸を何本も合わせて太くした糸の方が、風合いが柔らかくドレープ性も良くなります。

　フィラメント糸を使った生地にはなめらかな光沢があります。天然繊維ではシルクがフィラメント糸ですが、シルクで作られたウエディングドレスは美しい光沢があることは、前章のシルクの説明の箇所でも述べたとおりです。

　一方、化学繊維のフィラメントで作られた生地は、レオタードのような光沢のある服や、ストッキングやタイツのように透け感があるものになります。

　釣り糸のようなモノフィラメントの糸は、それだけで強度が必要なため、かなり強い糸になるよう製造し

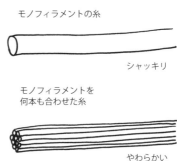

同じ太さでも風合いが違う

ます。したがってモノフィラメント糸を服に使うと、肌を刺して痛みを感じるなどの問題が発生します。そこで、柔らかく細いフィラメント糸を何本も引きそろえて使う場合が多いのです。

　スパン糸は紡績糸とも言われます。短い繊維（短繊維）を引っ張りながら撚りをかけることで一本の糸にします。

　短繊維は撚りをかけることで初めて糸になります。たとえば、ワタの状態でそのまま引っ張れば、スポッと抜けてちぎれてしまいますが、ワタを引っ張りながらねじれば、繊維が絡まり合い、連続した一本の長い繊維の集まりになります。これがスパン糸です。

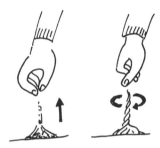

　長繊維をわざわざ切って、ワタ状にしてスパン糸にすることもよくあります。その理由はスパン糸にすることで、フィラメント糸にはないさまざまな品質や表情のテキスタイルを作ることができるからです。

　スパン糸はその撚りを強くしたり弱くしたりすることによって、その特性や品質を変えることができます。

❖ [糸の撚りの強さの違い（撚度）] ❖

 糸の撚りが変わると、どんなことが起こる

担当（テキスタイル）：「この生地は強撚糸で作られているんですよ！　だ

から夏物の商品企画にはぴったりの素材ですね」

企画担当（アパレル）：「強撚糸・・・へぇ〜、そうなの・・・」

担当：「触ってみてください・・・どうです。この風合い！」

企画担当：「確かに、サラサラした風合いね！　何か加工しているの？」

担当：「いえ、加工ではなく強撚糸の風合いなんです」

企画担当：「あら、そうなの・・・」

担当：「こりゃ！　ダメだ・・・（心の呟き）」

【的確な対応】

担当：「この生地は強撚糸で作られているんですよ！　だから夏物の商品企画にはぴったりの素材ですね」

企画担当：「あら！本当に！サラサラした強撚糸使いの生地の風合いね。それに、ドレープ性もきれいだわ！」

担当：「そうでしょ！この良さをわかっていただける方にお勧めしている素材なんですよ！」

【ポイント】

　糸は撚りの強さが変わることで、生地の厚みや風合い、使用シーズンも変わります。

　スパン糸で撚り回数の少ないものは〈甘撚り〉と言われ、糸は柔らかくニット用の糸などにも使われます。ウールの生地で考えると、甘撚りの糸で作られた生地は柔らかくてふくらみが出て、たくさん空気を含むので保温性があり、秋冬用の服の素材として使われます。

　しかし撚りが甘いということは、繊維同士の絡まり方が弱いということです。激しい着用によって糸が切れて破れたり、擦り切れやすくなるとも言えます。また風合いが柔らかいため着用の摩擦により毛羽立ち、毛玉が発生しやすいという問題もあります。

　撚り回数の多い糸は〈強撚〉（きょうねん）と言われ、滑らかでハリやコ

シが強い糸になります。

　ウールに限らず、強撚になると細い糸ができ、薄地の生地を作ることができます。さらに目の粗い生地に織り上げても、服地としての強度が強く、ハリコシがありサラサラした風合いで、通気性が良い涼しい服にすることができます。また生地の表面にシボ（細かい縦ジワ）を立たせて、清涼感を出すこともできます。

　ウールであれば、さらに吸湿性・放湿性があるため、蒸れずにさわやかな着用感があり、サマーウールと呼ばれる夏用スーツ素材として用いられます。

　また強撚の糸の場合、一般的にドレープ性（落ち感）が良いと言われています。これは繊維の撚り回数が多いため、甘撚りの糸に比べ糸の密度が高くなります。そのために強撚の糸は同じ太さの他の糸に比べて重くなり、下に落ちようとする力が強くなるのです。これが、強撚の糸で作った生地が、体の線に沿うような美しいトロッとしたドレスシルエットを出してくれる秘密です。

柔らかくて空気をたくさん含む甘撚の糸

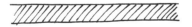
涼しくしかりとした生地を作れる強撚の糸

❖ [糸の撚り方向] ❖

担当（テキスタイル）：「この生地はエス・ゼットで織られた生地です」
企画担当（アパレル）：「エス・ゼット・・・へぇ・・・それがなにか？」
担当「見てくださいよ。この生地の艶と光沢。それに風合い！　いかがですか！」

企画担当：「そうね！　きれいだし柔らかいわ。何か加工しているの？」
担当：「いえ、加工ではなく織り糸の撚り方向が違うんです」
企画担当：「あら、そうなの？」
担当：「こりゃ！　ダメだ・・・（心の呟き）」

【適切な対応】
担当：「この生地はエス・ゼットで織られた生地です」
企画担当：「あぁ〜。だから、織り密度がしっかりと入っていて、こんなにきれいな艶と光沢が出ているのね。そのうえ、すごく柔らかくて生地の落ち感もいいわね」

【ポイント】
　糸の撚り方向は右撚りと左撚りがあります。そして右撚りの糸をS撚り。左撚りの糸をZ撚りと言うのです。
　どちらの方向に撚られていても生地には関係ないと思ったら大間違いです。糸の撚り方向は見え方や厚みに大きな影響を与えます。織物はタテ糸にヨコ糸が挿入されて作られます。一番単純な組織で織られた生地のイラストを下に描きました。
　イラストを見ていただければお分かりだと思いますが、Ⓐ図のようにタテ糸とヨコ糸に同じ撚り方向の糸を使うと、生地の表面から見れば撚りの方向が逆に見えます。このことは生地の表面が乱反射してチラついて見えることにつながります。すると、光沢は美しく見えないのですが、組織がはっきりと立って見えます。こう

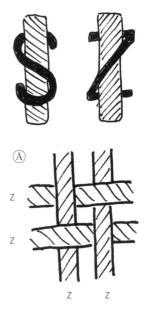

156　第4章 糸の秘密

いった生地を使った服をデザインする場合は、生地の組織の特徴もデザインとしてとらえてもらえるような工夫をするとよいと思います。

一方Ⓑ図のように、撚り方向が違う糸がタテ糸とヨコ糸で織られると、生地表面は撚り方向が一致するために、光は乱反射せず生地表面の光沢はとてもきれいに出ますが、組織ははっきり見えにくくなります。この場合は生地の組織を見せるデザインではなく、生地の光沢を前面に押し出すような服のデザインを考えればいいということになります。

では次に、生地の目の粗さや厚みについて解説しましょう。同じ撚り方向の糸で織られると、表面から見たときとは違っていた撚り方向が、タテ糸とヨコ糸の糸が接する面は、表面とは逆に同じ撚り方向になり、タテ糸とヨコ

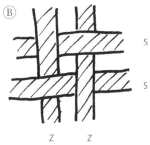

Z撚りの糸　Z撚りの糸をうら側から見ると　つまり撚りの糸のイメージはこんな感じ

イラストで説明するとね

たて糸とよこ糸を重ねて見よう!!

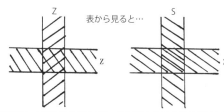

たて糸とよこ糸がZ撚りだと織目がはっきり見える生地になる　　たて糸とよこ糸がS撚りとZ撚りのように撚り方向が違うと光沢がある生地になる

糸がよく密着する（摩擦係数が高い）ということになります。摩擦係数が高いとタテ糸とヨコ糸が動きにくくなるため、タテ糸同士、またはヨコ糸同士の糸の間隔が詰まりにくくなります。これは目の粗い薄地の生地を作れるということにつながります。

また違った撚り方向のタテ糸とヨコ糸にすると、表面から見たときは同じ方向だった撚り方向が、タテ糸とヨコ糸の接する面の撚り方向は逆になりクロスして、密着しないですべりやすく（摩擦係数が低く）なります。摩擦係数が低いとよりタテ糸同士、ヨコ糸同士は滑り合って柔らかくなり、目が詰まり密集するので、できる生地は厚くなるのです。

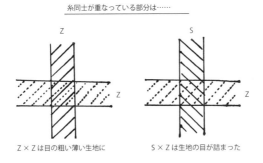

パズルのようでちょっと頭をひねらないと分かりにくい話ですが、もしあなたがアパレルの企画関係者であり、生地を売り込みに来たテキスタイルメーカーの営業担当者が、「この生地はS、Zで織っています」と説明したとしたら、「そうか！ 今すすめられている生地は、ツヤと光沢があり、柔らかな風合いだが、しっかりと密度が詰まった厚地の良い生地だということなのだな」と思えばいいのです。

❖ [糸の撚り合わせ] ❖

担当（テキスタイル）：「この生地はソウシの糸で織られています」
企画担当（アパレル）：「そうなの？」

担当：「安定して使っていただける生地だと思いますよ」
企画担当：「そうなんだぁ〜・・・」
担当：「こりゃ！　ダメだ・・・（心の呟き）」

【適切な対応】
担当：「この生地はソウシの糸で織られています」
企画担当：「そうなの？　だから生地は少し腰があり織り目も比較的はっきりしてるんだ。でも、安定した生地だから型崩れもしにくいか・・・」
担当：「そうですね。それに生地の表面のチラつきもあまり気にならない程度ですよ」

【ポイント】
　糸には一本だけで撚られたものもありますが、撚りのかかった糸を合わせて、数本で撚りをかけて一本の糸にすることもあります。
　1本の撚り糸のことを単糸（たんし）。単糸を2本撚り合わせた糸を双糸（そうし）。単糸を3本撚り合わせた糸を三子（みこ、またはみっこ）と呼びます。
　単糸を双糸にすると、強さは単糸の3倍ぐらいになります。したがって、単糸で作られた生地は柔らかくソフトな風合いになります。しかし、着用などの摩擦で生地が毛羽立ちやすく、毛玉が発生しやすくなるリスクもあります。双糸で作られた生地は、腰があり織り目も比較的はっきりしたものになります。生地の表面がチラつくといって、双糸の生地の使用を嫌がるデザイナーもいるほどです。
　また単糸を2本合わせて双糸を作る際に、単糸にかける撚りのことを〈下撚り〉（したより）と言い、2本またはそれ以上の糸を下撚りし、その反対方向へ撚りをかけたものを〈上撚り〉（うわより）と言います。単糸を双糸にする場合、下撚りに対して上撚りは必ず反対方向に撚らないと安定した糸はできません①。たとえば、Z撚り同士の単糸を双糸に撚る場合は、S撚りに撚り合わせれば糸が安定するのです。

単糸　　　　　上撚り　　双糸　　下撚り

　熱可塑性がない繊維で単糸と双糸を比べた場合、何回か洗濯をしているうちに単糸で作られた製品は糸の撚り戻りが発生します。熱可塑性がある繊維で作った糸は撚った時に熱を加えれば、その形のまま形が残るため、洗濯で変化することはありません。しかし熱可塑性がなければ単糸で撚られた糸は水に濡れると撚りが戻ってしまうのです。このことは製品がねじれたり歪んだりする〈斜行（しゃこう）〉という現象が発生しやすくなるということを指します。コットンのTシャツが洗濯後にねじれて脇線が見えるようになったという事故は、この単糸による撚り戻しが原因であることがあります。この問題を解決するには撚りの安定した双糸の糸で生地を作ることが必要になってきます。

単糸で作った製品はねじれたり歪んだりすることがある

❖ [糸の太さ] ❖

糸の太さはどのように表わす？

【ポイント】

　番手、デニール、テックスという単位で表わします。番手はスパン糸、デニール・テックスはフィラメント糸の太さを表す単位です。

　番手は〈恒重式〉（こうじゅうしき）と言われます。恒重式の意味は「一定の重さに対して、長さがどれぐらいあるかを表わす単位」です。なんだかよく分からないかもしれませんね。そこでこのことを理解してもらうために次のことを説明します。

　スパン糸の太さは3種類の番手で表わされます。
毛番手（共通式）重さ1kgに対して、その糸の長さが1kmのものを1番手
綿番手（英国式）　重さ1ポンド（453.6g）に対して、その糸の長さが840ヤード（約768.1 m）のものを1番手
麻番手（英国式）　重さ1ポンドに対して、その糸の長さが300ヤード（約274.3m）のものを1番手

　考え方ですが、ウールのスパン糸は毛番手で表わすのですが、ウールの糸はすべて1kgの重さで糸が巻かれていると思ってください。この巻かれた糸を解いてゆくと全部で1kmの長さの糸が出てくれば1番手です。したがって1kgの重さは変わらないままで、糸を解いたときに10kmの糸が出てきたら10番手ということになります。

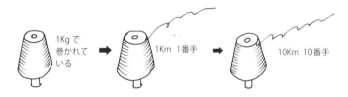

同じくコットンの糸はすべて1ポンドの重さで糸が巻かれていて、糸を解いたときに840ヤードの糸が出てくれば1番手。8400ヤードの糸が出てくれば10番手です。麻も同じように換算します。
　このように番手というのは「数字が大きいほど糸が細くなる」ということを表わしているのです。
　一方、フィラメント糸の太さを表わす単位であるデニール・テックスはどうなのでしょうか。
　デニール・テックスは〈恒長式〉(こうちょうしき)と言われます。番手とは逆で、一定の長さに対して、重さがどの位あるかを表わす単位です。デニールは糸の長さが9000mに対し重さが1gのものが1デニール。長さはそのままで10gのものが10デニールとなります。
　テックスは糸の長さが1000mに対し1gの糸が1テックス。通常、こんな太い糸は少なく、テックスではなく10分の1の単位であるデシテックス(dtexで表わす)を用いています。
　つまり、デニールとテックスは、数字が大きいほど太い糸になるわけです。
　なお、国際標準化機構(ISO)で定められている化学繊維や絹などのフィラメント糸の太さを表わす単位は「テックス」で統一されています。
　糸の番手・テックスはファッション業界で商取引をするうえでは必ず出てくる大変重要な言葉であり、新人デザイナーはともかく、中堅、ベテランファッションデザイナーは糸の太さによって生地の厚みや風合い、最終的にはどのようなアイテム、デザインにするかまで、頭の中で想像できるはずです。
　少し専門的な話になりますが、テキスタイルメーカーでは一般的に生地を取引する段階で30/1と書いたり2/100と書いたりします。前者は綿番手または麻番手で30番手の単糸の糸(サンマルタン)を使った生地であることを表わしており、後者は毛番手で100番手の双糸の糸(ヒャクソウ)を使ったテキスタイルであることを表わしています。綿番手(麻番手)と

毛番手で表わされる数字の前後が入れ替わっていることに注意してください。

綿番手と麻番手の違いはコットン素材の場合は綿番手、麻素材の場合は麻番手で表わされるのは当たり前なのですが、スパン糸の場合、おおむね綿番手で表わしていることが多いと認識していればいいと思います。

できるデザイナーは糸の太さから、服のデザインやシルエットがイメージできる！

❖ [糸の撚り] ❖

担当（テキスタイル）：「こちらの生地はソモウなので、夏物や合い物のスーツに向いていると思いますよ。ボウモウの生地はやはり冬物で使われたほうがいいですね」
企画担当（アパレル）：「そんなことはどうでもよくって、表面がきれいな生地でスーツが作りたいのよ」
担当：「こりゃ！　ダメだ・・・（心の呟き）」
【的確な対応】

担当：「こちらの生地はソモウなので、夏物や合い物のスーツに向いていると思いますよ」
企画担当：「そうね！ サマースーツ用の素材を探しているのでソモウでも、もっと細い番手のものはないかしら」
担当：「夏物のスーツ素材でしたら、こちらはいかがですか？ ソモウですがナナニッ、ソウ、キョウネン、エス・ゼットの生地です」
企画担当：「ウールの梳毛。72番手、双糸、強撚、S撚りとZ撚りの糸で織られた生地なんだ・・・（心の呟き）」

【ポイント】

　ウールやコットン、麻は短い繊維に撚りをかけて糸にします。この糸を作る工程のことを紡績といいます。紡績の簡単な工程は繊維をまっすぐに伸ばして束ね、太さを均一にしながら細く伸ばし、引っ張りながら撚りをかけるというものです。

　ウールの場合は梳毛糸（そもうし）と紡毛糸（ぼうもうし）という2種類の糸に分けられます。

　梳毛糸は比較的長く均一な長さの毛を梳き、まっすぐに揃え平行状態にしたあとで撚りをかけたものです。

　糸の特徴としては比較的丈夫で細い糸が作られます。毛羽の少ない平滑な糸で、スーツなどによく使われる糸です。特徴としては比較的丈夫で細い糸を作ることができます。毛羽の少ない平滑な糸で、スーツなどによく使われます。

　これに対して紡毛糸は短い原毛をある程度揃え、紡いで（撚りをかけながら引っ張って）糸にしてゆくもので、繊維が完全な平行状態にならないまま撚りをかけた糸です。したがって梳毛糸とは違い、柔らかく毛羽立ってふくらみのある糸ができます。手編み用の糸や、厚地のコートや毛布などによく使われます。柔らかい反面、梳毛糸に比べて糸が弱く切れやすいという点に注意が必要です。

梳毛糸
梳いてまっすぐにしてから糸にしていく

紡毛糸
紡いで糸にしていく

　コットンの場合はカード糸、コーマ糸という糸に分けられます。特にコットンスパン糸（綿紡績糸）に使われる言葉です。糸の専門家にはお叱りを受けるかもしれませんが、あえてわかりやすく言うならば「コーマ糸」が毛紡績での梳毛糸、「カード糸」が紡毛糸とよく似たものだと認識すればよいでしょう。

　コーマ糸の生地で造られたＴシャツは光沢がありきれいで非常に高価なものが多いです。一方、カード糸の生地で造られたＴシャツは一般的な品質のものが多く、汎用品として販売されています。

梳毛糸で
作られた
セーター

梳毛糸で
作られた
ジャケット

異素材を混ぜるって？

【ポイント】

　何度か「繊維を混ぜる」という言葉が出てきたのですが、どの段階で混ぜるのでしょうか。

　繊維を混ぜる段階はワタ、糸、生地のそれぞれの段階で行われます。

　さまざまな特質をもつ繊維を、ワタの段階や糸にしてから混ぜることより、それぞれの長所を引き出そうと考えられたのが「混紡（こんぼう）」「交撚（こうねん）」「混繊（こんせん）」という方法です。

　また、生地に織ったり編んだりする段階で混ぜることを「交織（こうしょく）」「交編（こうへん）」と言います。

　ここではワタと糸の段階の説明をしましょう。

　混紡とは2種類以上の異なる繊維をワタの段階で混ぜ合わせることです。これからできた糸を〈混紡糸〉と呼びます。たとえば、ポリエステルと綿を混紡したとします。これはポリエステルのもつプリーツ性や弾力性、そしてシワが寄りにくい長所と、綿のもつ吸水性、発色性の良さをミックスして両者の欠点をそれぞれ補ったものです。

　交撚は、糸にする（紡績する）時は1種類の繊維で紡績をし、できた糸を他の種類の糸と撚り合わせる方法です。

　混繊は、2種類以上の違う種類のフィラメント（長繊維）を束ねて一本の糸にしたものです。

　交撚も混繊も繊維自体の色の微妙な違いや染まり方の違いで色変化②のある糸を作ったり、合成繊維の混繊で熱による収縮の違いを利用してふくらみのある糸③を作ったりできます。

　また伸縮性のあるポリウレタンを芯糸にしてその周囲に糸を巻きつけたカバードヤーンという伸縮糸を作ることもあります。このカバードヤーン

は伸縮性が大きく、ファンデーション、水着、ストッキングなどのストレッチ性が必要な製品によく使われます。

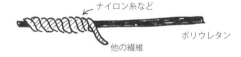

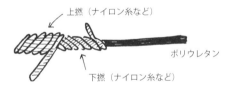

①意識的に形状の変わった糸をつくるために、下撚り、上撚りを同一方向に撚ることはあります。
②杢糸調など
③嵩高糸

第5章
生地のいろいろ

　生地とはさまざまな特性の糸を織ったり編んだりすることによって作られる服の素材です。基本的に生地には織られたものと編まれたものがあり、そのことにより組織が変化し、その特徴も変わってきます。また、その生地を使って服を作る際の基本的な知識も、この章で知ってください。

❖ [織物と編物の違い] ❖

「織る」と「編む」は違うの？

お客：「このパンツ、かなり細身だけれど私でも履けるかしら？」
店員：「一度、ご試着なさってください。このパンツの素材はストレッチになっておりまして、とてもよく伸縮する素材です」
お客：「伸縮するって・・・じゃぁ～！　このパンツはニットなの？」
店員：「いえ、ニットではございません」
お客：「じゃ、なぜこんなに伸び縮みするの？」
店員：「えーっと・・・それは・・・」

【的確な説明】

お客：「このパンツ、かなり細身だけれど私でも履けるかしら？」
店員：「一度、ご試着なさってください。このパンツの素材はストレッチになっておりまして、本来、伸縮性がない織物が編物のように伸縮します」
お客：「織物なのになぜ、ストレッチなの？　編物はどう違うの？」
店員：「編物は糸を絡ませてループ状にして一枚の生地にしています。ですから糸がバネ状になって生地は伸縮性があります」
お客：「ええ、それはなんとなくわかるけど・・・織物は？」
店員：「織物は経糸に緯糸が挿入されて作られた生地です。糸はまっすぐで伸縮しません。織物は生地が安定してしっかりしているのですが、このパンツの素材は糸自体に伸縮性がある糸で織っています。だから織物でも伸び縮みします。履いていて、ストレスを感じません。とても履き心地がいいパンツですよ」

【ポイント】

生地には大きく分けて2種類のものがあります。
　1つは織物、もう1つは編物です。織物のことを布帛。編物はニット（KNIT「編む」という意味）、あるいは莫大小（メリヤス）と呼ばれることがあります。
　織物とはタテ糸とヨコ糸でできた生地です。タテ糸を何本も並べてその間にヨコ糸を入れ込むことによって作られます。織物の場合は生地を「織る」と言います。
　編物は編み棒や編み針を使って一本の糸を絡め合わせて作られる生地です。編物の場合は生地を「編む」と言います。ごく簡単に編物のイメージをイラスト化すると以下のような感じです。

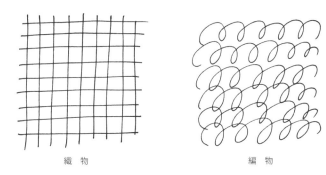

織物　　　　　　　　　編物

　2つのイラストを見比べればわかると思うのですが、織物はタテ糸やヨコ糸に余裕がありません。このことで織物は引っ張っても伸びたり縮んだりすることが少なく、安定した生地であることがわかります。それに比べて編物は糸がバネのように絡まり合っています。糸に余裕があるため編物の生地は伸縮性がある生地になるのです。先ほどの編物の説明でメリヤスという言葉に「莫大小」という漢字を当てましたが、文字通り「莫（まく・布）が大小する」生地だという意味です。メリヤスという言葉はスペイン語のメディアス（medias）、またはポルトガル語のメイアス（meias）から転化したものと言われています。これらの言葉は「靴下」という意味で、ニットの歴史は靴下から始まったと言われているのです。

ニットは1本の糸が絡み合い、バネのように輪（ループ）が連続して作られた生地です。このループのタテ方向の列をウェール（Wale）、ヨコ方向の列をコース（Course）と言います。業界ではウェール方向、コース方向という言い方をします。覚えておくと便利です。
　「ストレッチ素材」という織物生地がありますが、これは本来、伸縮性がない織物が編物のように伸縮するからストレッチ（伸縮）を強調した言葉なのです。なぜ、織物なのにストレッチ性があるかというと、糸にポリウレタンなどの伸縮する繊維を交撚したり、フィラメントの糸をバネ状①にして糸自体を伸縮させるため、生地が伸縮するという原理です。

❖ [織 物] ❖

織物ってどうやって作るの？
織物の組織はいろいろあるの？

担当（テキスタイル）：「この生地、見てくださいよ！　すごくいい光沢をしているでしょう！」
企画担当（アパレル）：「そうね。キレイな光沢ね！　いったいどんな風にして作っているの？　組織が違うの？」
担当：「そりゃ～！　当社の最高の技術陣が最高の機械で織りあげたものですから！」
企画担当：「織る原理って、みんな同じだと思うけど・・・」
担当：「確かにそうなんですが・・・」

【的確な説明】
担当：「この生地、見てくださいよ！　すごくいい光沢をしているでしょう！」
企画担当：「そうね。キレイな光沢ね！」

担当：「特にこの生地は光沢のある生糸で織っているものです。また、織り組織の中でも、最も光沢が出る朱子織で織られたサテンという生地でして、ドレス素材としておすすめできるものです」

企画担当：「シルクサテンね！　どおりですごくいい光沢と風合いね！」

【ポイント】

　織物が織られる原理は同じです。
織物は織機（しょっき）と言われる織物機によって織られます。
　それでは生地を「織る」というのは、どんなことをしているのでしょうか。織物はタテ（経）糸にヨコ（緯）糸を挿入して作ります。この機能をもった機械が織機です。
　織物を織るにはこの織機に、生地の幅分にタテ糸を１本１本並べます。そのタテ糸を機械の力で交互に上下させ、その隙間にシャトルというヨコ糸を巻きつけた管を飛ばし、ヨコ糸を運んで通します。このことによりタテ糸にヨコ糸が入れ込まれた「織物」ができあがっていくのです。

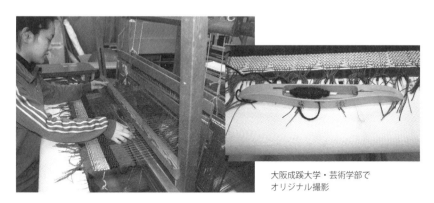

大阪成蹊大学・芸術学部でオリジナル撮影

　ここで説明した織機は、織物を織るための原理であり、写真は手織り機です。実際に使用されている工業用の織機はこれを自動化したもの②と考えてください。
　また織物が織られる原理は一緒なのですが、タテ糸の上下する動きを変

えることで織物の組織は変化します。そのため織物の組織はとてもたくさんあるのです。しかし、そのたくさんある織物の組織はたった３種類の基本組織により作り出されています。つまり世の中にあるすべての織物は３つの組織の変化や組み合わせによりできているのです。

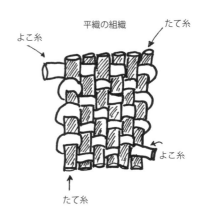

　この３つの組織のことを「織物の三原組織」といいます。平織（ひらおり）、綾織（あやおり）（斜文織）、朱子織（しゅすおり）と呼ばれる組織がそれです。ではそれぞれの組織について説明していきましょう。

　平織は織りの基本です。

平　織

　「平織」は、イラストのようにタテ糸とヨコ糸が１本ごとに交差する組織です。ちょうど、いげたを組んだようなしっかりした組織で、糸の動きが最も少ない生地です。プレーンな表面で通気性が良く、着用の摩擦で糸が引っ掛かるようなことが少ない生地です。よくワイシャツ用のテキスタイルとして使われます。表裏は同じ外観になります。

　「綾織」は斜文織とも言い、生地の表面に右方向または左方向の斜めの綾目が表われます。

綾織（右綾織）

　右上方向のものを〈右綾織〉、左上方向のものを〈左綾織〉と呼びます。一般的には右綾織の生地が多く企画されており、左綾織の生地は「逆綾」と言われることがあります。

　平織のいげたのように、タテ糸とヨコ糸ががっちり組まれている組織ではなく、タテ糸2本に対し1本のヨコ糸が出て綾目に見える組織が基本です。平織りに比べて糸の自由度があり密集します。そのため地厚だけれど柔らかい生地ができ、ジャケットやジーンズなど幅広いアイテムに使われるテキスタイルです。

　「朱子織」は綾織よりもさらにタテ糸の浮きが多い組織です。イラストではタテ糸ばかりが目立っていますが③、最低4本のタテ糸に対して1本のヨコ糸が出る組織です。三原組織の中では最も浮いている糸が長い生地です。

朱子織

　三原組織の中で浮いている糸が最も長いということは糸の自由度も一番高いと言えます。またヨコ糸が浮いているタテ糸を邪魔しないために、タ

テ糸そのものの光沢やツヤが生かされます。そのため朱子織は表面が滑らかで、ドレープ性があり光沢がある生地になるのです。

しかし、浮いている糸が長いということは、着用による摩擦で糸が引っ掛かったり毛羽立ったりしやすいという欠点もあります。朱子織の光沢を生かし、あえてブルゾンなどを企画することもありますが、アクティブなアイテムよりもエレガンスな企画に向く生地とも言えます。

ワイシャツなどは平織が多い

ジーンズは綾織

ワンピースやドレスは朱子織が多い

担当（テキスタイル）：「シャツ地をお探しですか？ではコットンブロードがお勧めですね」

企画担当（アパレル）：「あら、そうなの？じゃ、それにするから持ってきて！」

担当：「いえ、ブロードといいましてもいろいろ風合いがございますから、一度生地を見ていただくのが一番かと思います。風合いサンプルをお送りいたします」
企画担当：「ただのワイシャツ用の生地でいいのよ！とにかく生地を送ってよ！急いでいるの！」
担当：「わかりました。それではワイシャツ用の定番の生地をお送りします。（こりゃ、ダメだ・・・心の呟き）

【的確な対応】
担当（テキスタイル）：「シャツ地をお探しですか？ではコットンブロードがお勧めですね」
企画担当（アパレル）：「そうね。ブロードのほかの生地もサンプルを送って！実際の生地の風合いを確認したいわ}
担当：「ではブロードだけではなく、ほかの組織のものも含めて何種類かサンプル生地を持参いたします」

【ポイント】
　織物の名前は素材や糸の違いによって、それぞれ名前が違います。しかしきっちりとしたルールはありません。その織物が織られた土地（地方名）の名前がついていたり、服のブランド名が織物名になっている場合もあってさまざまです。
　またこの生地の名前がつけばこの生地だと特定できるものもあれば、広い範囲で同じ名称が使われたりします。名前だけで生地の雰囲気を特定することは危険です。必ず、糸の番手や織られている密度、組織などを見せてもらい、実際に生地の表面や風合いを確かめながら、生地選びをしましょう。
　参考までに3原組織でよく使われる生地名を記載しておきます。
平織…ブロード、ローン、ギンガム、トロピカル、ポーラ、ポプリン、ジョー

ゼット、タフタ、シャンタン、グログラン、デシン、オーガンジーなど。
綾織…デニム、ギャバジン、かつらぎ、バーバリー、サージ、タータン、カルゼ、シャークスキンなど
朱子織…サテン、ベネシャン、ドスキンなど

❖［織物の服］❖

 織物（布帛）の生地で服はどのように作られるのですか？

織物は通常、反物で取引きされます。反物とは織り上げられた生地が巻かれている状態のものです。

服を作るときに使われる反物には決まった規格があります。
反物（生地）の幅には「はシングル幅」「ダブル幅」と、ごく稀に「ヤール幅」と言われるものがあります。シングル幅（S幅）は115cm未満の生地幅で、110cm幅のものが多いです。ダブル幅（W幅）は115cm以上のものを指し、150cm幅のものが多いです。ヤール幅は約90cmの幅のものを言います。

反物の長さは、一般的には50m巻きと46m巻きがあり、他に生地が柔らかく動きやすい紡毛織物は27m前後④で巻かれているものがまれにあります。

服の製造工場で裁断するときは、生地を裁断台の上に広げ⑤ます。動きにくいしっかり織られた織物の場合は要尺⑥分の長さか、または2着分の要尺の長さに反物を切ります。その生地を何枚も重ねて、その上に型紙（パターン）を乗せて裁断機⑦で裁断したり、パターン（型紙）をコンピューター上で作り、反物を広

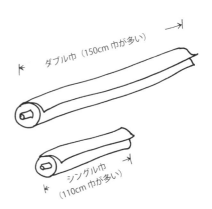

げて重ねた生地を自動的に裁断⑧していきます。生地が裁断されたら、次に工場の各縫製ラインに流れ、縫いあげられてゆくのです。

❖ [編物の服] ❖

Q 編物で作られる服にはどんなものがあるのですか？

A セーター、カーディガン、ジャージーまたはカットソーと呼ばれるもの。その他に肌着やソックス・ストッキングなどが、編物で作られます。

セーターやカーディガンは1着分の服の形に編んだり、袖や身頃の形に編んで縫い合わせて作られます。

お母さんやおばあちゃんが2本の棒針（編み棒）やかぎ針を使ってセーターを編んでくれた記憶を持っている方もいるでしょう。

今でもハンドニット⑨といって、一目一目、手仕事で編まれた商品もありますが、ほとんどは自動化された編機で編まれます。
　自動化された編機は横編機と言われ、セーターの身頃や袖のパーツの形に編みだす編機⑩や、最近では最初からセーターの形で編みだせる機械⑪なども開発されています。またウエール方向に長方形で編地を編み出し、あとで1枚1枚パターン（型紙）を置いて裁断して縫製するセーターやカーディガンもあります。

コンピューター横編機／島精機株式会社ＨＰより

　長方形に編み出された編地は、なぜ織物のように何枚も重ねて裁断しないのでしょうか。それは横編機で編み出される編地は編み目が大きく動きやすいため、重ねて裁断するとズレが起こり、不良品が発生することがあるからなのです。セーターやカーディガンの裁断品は慎重にパターンに合わせて1枚1枚、ハサミで裁断されます。
　また、普通のミシンで縫い合わせると伸縮性についてゆけず、着用すると縫い合わせ部分の糸が切れてほころんでしまうことがあります。そのために伸縮性の激しい部分はニット専用のミシンで、伸縮性に対応できる特殊な縫製⑫をします。
　セーターやカーディガンは横編機で編まれるため「ヨコモノ」とい言われることもあります。また自動化されていない横編機で人間が機械を使っ

て編む製品を「手ヨコ」⑬と言います。ヨコモノは糸の状態で編物工場（通常ニッターと言います）に入荷し、ニットデザイナーが編地の段階からデザインしてゆきます。

ジャージーやカットソーはニットファブリックとも言われ、Tシャツやトレーナー、肌着などがニットファブリックで作られます。

ジャージー、カットソーは丸編機（まるあみき）という編機で編まれることが多く「マル」と言われることもあります。

丸編機は写真のような形をしていて、編地は筒状に編まれて出てきます。ジャージー、カットソーはその筒状に

丸編機／福原精機株式会社ＨＰより

編まれた編地を切って開き、反物状に巻いて取引きされるのです。ヨコモノと同じ編物なのに、織物（布帛）と同じように、反物を広げ重ねて裁断（カット）して縫製工場で縫う（ソーイング）ため、ジャージーのことを「カットソー」と言うのです。ジャージー、カットソーは編地の目が詰まって、ヨコモノほど動きがある生地ではないので、織物と同じようにある程度重ねて裁断され、普通ミシンで縫製されることが多い服です。

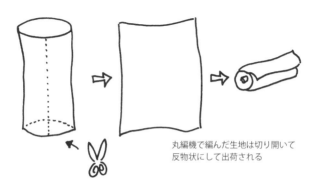

丸編機で編んだ生地は切り開いて反物状にして出荷される

ソックスやストッキングも同じように丸編機で編まれますが、反物状に切り開くことはなく、専用の靴下編み機などで筒状に編まれ、その先を縫い合わせて作られます。
　横編機や丸編機で編まれる編地は、総称して「緯編（よこあみ）」と言います。

Q ニットの編目の大きさはなぜ変わるんですか？

　まず知っておいてほしいのはニットの編目は「ゲージ」と「度目」という言葉で表わす、ということです。

　よくファッション雑誌などで「今年はローゲージニットがはやり！」とか「ファインゲージニットできれいめに！」などという見出しを見たことがありませんか。実はこのゲージという言葉は、編機に取り付けられた編針の密度を示すもので、編機の1インチ（2.54cm）間にある編針の本数なのです。

　1インチの中に14本の編針が入っていれば14ゲージ。3本しか入ってなければ3ゲージということになります。数字が大きければ1インチの間に入る編針の本数が多くなります。そうすると編針は細くなければ1インチの間にたくさんの針を入れることができません。したがって編み糸も細くなるのです。そのためニットの目が細かくなり、伸縮性も少なくなってきます。一方、数字が少ないと編針の本数も少なく、編針は太いものが並べられ、編み糸にも太いものが使われるのです。するとざっくりと編まれたセーターができるというわけです。

　一般的に細かいゲージをファインゲージニット（ハイゲージニット）と言います。目の粗いニットをコースゲージニット（ローゲージニット）と言います。

　一般的に細かい編み目のニット製品をファインゲージニット（10ゲージ以上）と言い、ざっくりと編まれた目の粗いニット製品はコースゲージニット（8ゲージ以下）と言われます。

182　第5章 生地のいろいろ

その他にハイゲージニット・ミドルゲージニット・コースゲージ（ローゲージ）ニットという言葉で分けられることもあり、ハイゲージは１２ゲージ以上。ミドルゲージは7ゲージから10ゲージ。コースゲージ（ローゲージ）は7ゲージ以下のニット製品です。ゲージとデザイン、シルエットは綿密な関係にあるのです。

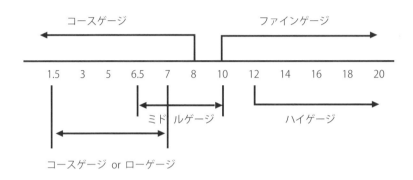

　次に度目について説明します。
　ゲージが編目のループの幅を表わす単位だとすれば、度目はそのループの高さを表わす言葉と理解すればいいでしょう。編地を編むときの糸のテンションと考えてください。度目は「強め」「普通」「弱め」の３段階で表わされます。
　「強め」にすると糸のテンションが強くなります。そのため編目のループの高さは低くなります。「弱め」にすると糸のテンションが弱くなり編目のループの高さは高くなります。これによりゲージに変化はなくても、編地の風合いを変化させることができます。
　すなわち、度目が「強め」であればループの目が詰まり、編地にハリやコシが出ます。「弱め」であればループの目が緩くなってソフト感やドレープ性が出てきます。生地にハリやコシ、ドレープ性が出ることでデザインやシルエットに大きな影響を与えます。またピリングなどの問題が発生するような編地の場合は、同じゲージのセーターでも度目を強めることで編

地が多少硬くなり、着用による毛羽立ちを抑えピリングの発生を遅らせることもできるのです。

ゲージと度目

 緯（横）編の基本組織というのはありますか？

「平編」「ゴム編」「両面編」「パール編」の4つの基本的な組織があります。

平編　俗に天竺（てんじく）と呼ばれるニットの中で最も普及している基本となる編地です。基本的な4つの組織の中で唯一、編地の表裏がはっきりと区別でき、表側はV字型、裏側は半円形の編目となります。

　平編の特徴は、薄く軽く仕上がり、ウエール方向よりもコース方向によく伸縮します。しかし生地をカットするとカット端がカーリング（クルクル巻きあがる）することと、これは緯編の特性なのですが、編地に穴があくと次々にループが崩れる伝線が発生します。

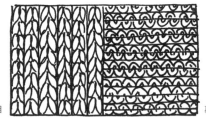

表目　　　　　　　　　　　裏目

ゴム編　俗にリブ編とも呼ばれます。丸編機で編まれる場合はフライスとも言われます。コース方向にゴムのように伸縮するためにゴム編という名

184　第5章 生地のいろいろ

前がつきました。

　平編の表側に見えるV字型と裏側に見える半円形の編目がウエール方向に一列ずつ交互に出てくる編地で、平編よりよく伸びます。表裏とも平編の表側と同じ組織に見えます。リブ編みの「リブ」という表現は「あばら骨」を意味していて、あばら骨のような表面感なのでこのような俗称があります。

　リブ編みは平編に比べ生地が厚く、ゴムのように伸び縮みするためセーターの袖口や裾部分など伸縮性を必要とする部分に多用されます。ブルゾンなどの袖口リブや裾リブに使われているのはよくご存じだと思います。

ゴム編

両面編　ゴム編みを2枚重ねたような編地です。ゴム編は平編の表側のV字型と裏側の半円形が交互に見える組織ですが、両面編はゴム編の裏側に見える半円形の部分も表側のV字型に見える編地です。そのため生地の表面はとても緻密で細かく、ニットのループ目を追うことができないくらい緻密に編まれた生地もあります。表裏ともさらに細かい平編の表側に見えるため、「スムース」と生地名で呼ばれます。

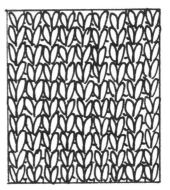

両面編

パール編　パール編は平編の表目と裏目がコース方向に1列ずつ交互に出てくる編地です。編地の特徴としては

コース方向よりウエール方向の伸縮性が大きな編地です。そのためコース方向の編目が重なり合い、見た目の特徴は平編の裏側が表裏に表われたように見えます。しかしウエール方向に伸縮し、目が詰まっているため平編より地厚な編地になります。編地の表面が半円形のパールを一面に敷き詰めたようにループの丸みで

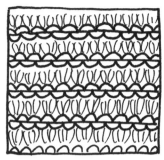

パール編

覆われていることから、パール編という名前がつけられました。リンクス編、手編みの場合はガーター編とも呼ばれます。セーターに用いる場合は、身頃はウェール方向を服のヨコ方向に使用することがよくあります。

Q 経編（たてあみ）とはなんですか？

A 編機には横編機、丸編機のほかに経（たて）編機と言われる編機があります。横編機・丸編機で編まれる編地は「緯（よこ）編」と言われる編み方です。それに対し経編機で編まれる編地は「経（たて）編」と言われます。経編機で編まれた編地はジャージーとして反物で取引きされます。

緯（よこ）編は横方向から糸が供給され、横方向に編目を作って行く編地で、一本の糸でループを横方向に編んでゆきます。それに対し経（たて）編は織物を作るときと同じようにタテ糸をたくさん平行に並べ、それを絡め合わせて行く編み方で、縦方向に編目を作ってゆく編地です。

手編みで説明すると、2本の棒針で横方向に編んでゆくのが緯編。カギ針でタテ方向にループを造ってゆくのが経編です。セーターやマフラーを編むときには緯編みの手法、レースなどを編むときには経編の手法が用いられていると思えばよいでしょう。

そのため緯編の場合は一箇所糸が切れると、編み目にいわゆる伝線（ラン）

が起こって、次々に編目がほつれてしまいますが、経編では織物と同じように伝線することはなく、織物と見間違えるほど安定性がありしっかりとした生地も作れます。

　トリコットと言われる種類の編地は、薄地の生地が作られ、毛羽の多い紡績糸より、ツルっとしたフィラメント糸で造られることが多い生地です。光沢のあるレギンスやタイツ、機能性を重視したプロ仕様のスポーツウェアによく使われます。

　経編にはラッセ（シェ）ルという組織もあり、これでレースやチュール、パワーネットなどが作られます。また、生産量は減っていますが、ミラニーズという筒状に編み出される編機もあります。

シームレス編みラッシェル機（日本マイヤー株式会社）

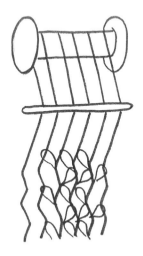

❖ [生地の表裏や方向の重要性] ❖

Q 生地の「表側・裏側」や「タテ方向・ヨコ方向」という言葉がよく出てきますが、そんなに大切なことなのですか？

A 生地には表側と裏側があります。表側は裏側に比べて美しく滑らかな外観しているのが一般的です。服は表側を外側にして縫製されることがほとんどですが、わざと裏側を利用してその表面効果の面白さをねらう場合もあります。

生地の表と裏はその組織が基本となっています。

織物は平織を除いて、他の組織はすべて表と裏の違いがあります。綾織の場合は表面に表われている斜めの綾目が右上がりになっている方が原則として表側⑭です。私たちはよく「ノ」の字に見える方が表だと言っています。朱子織はタテ糸がヨコ糸よりたくさん出ている方⑮が表側であることが一般的です。まれにヨコ糸がたくさん出ている朱子織がありますが、その時は「よこ朱子」と明記されていると思います。

ニットの場合、平編(天竺)は表裏がはっきりわかります。ゴム編(リブ編)、両面編（スムース）、パール編（ガーター編）は組織的に表と裏は同じです。しかし表として使ってほしい表側は目がそろっていてきれいです。

また、反物で取引される場合、生地には「耳」というものがあります。

食パンの耳のように他の部分とは違って見え、生地の両端から1cmぐらいが組織が変わって針穴があいていたり、メンズのウールスーツ用生地では耳ネームといって、生地メーカーの名称が織り込まれていたりします。

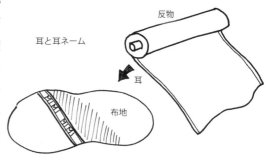

耳と耳ネーム　　反物　　耳　　布地

組織が変わって針穴が空いている場合は、裏側からピンを突き立てて生地を加工した後なので、原則として針穴の突き出ている方が表。耳ネームがある場合は名称が読める方が表です。

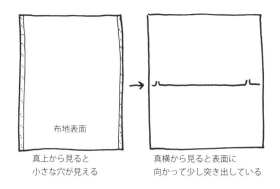

　また生地は保管される際に裏側を表側にして反物として巻いたり⑯、たたんだりされています。これは取り扱い時に生地の表側を汚したりして傷めないようにするためです。この判別法を素材購入時に知っていると製作する時にとても便利です。しかし、生地の表側を外側にして巻かれているケースもありますので注意が必要です。最近では反物を巻いた端に大きく「おもて」と表示された生地もあります。

　生地を選んだときの感性で表裏などどうでもいいという考えもあります。しかし裏側は糸の結び目やキズ、汚れが多いも事実です。企画段階であえて裏側を使用すると決まった場合は、生地を製造するときに欠点をできるだけ少なくなるように、テキスタイルメーカーの担当者とよく打ち合わせすることをお勧めします。

　次に生地の方向についてです。

　通常、服は着用した場合に、タテ糸方向が服の上下、ヨコ糸方向が服の左右になるようにパターン（型紙）を置いて裁断して縫製します。生地のタテとヨコの方向を間違えると、最初に想像したものとまったく違ったイ

メージの服ができあがることもよくあります。したがって生地の経緯の方向を見分けることは非常に大切なことです。反物に巻かれている生地は巻かれている方向がたて方向です。またよこ方向には、前述したように生地の両端に「耳」と言われる組織の違った部分がありますので、すぐにわかると思います。

　あえてその見え方が面白いためにタテとヨコを逆方向に使う場合もあります。その場合は「ヨコ使い」と言われます。

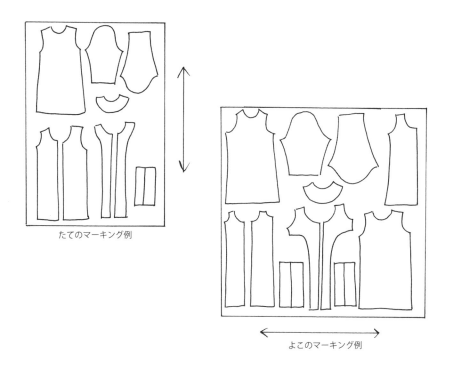

たてのマーキング例

よこのマーキング例

　また、よこ方向の伸縮性が大きいニットの場合は「ヨコ使い」をすると着丈（たて）方向に伸びやすい服ができるのと同時に、ヨコの伸縮性が悪いため着にくい感じになることがあります。企画段階で度目を詰めたりシルエットに余裕を持たせるなど、十分な検討が必要です。

❖ ［生地を作る段階でほかの繊維を混ぜることができる］❖

Q 生地を作る段階でも、違う繊維を混ぜることがあるとのことでしたが、どんな方法ですか？

A 2種類以上の異なる繊維の糸を使い、織ったり⑰編んだり⑱する方法です。このことにより違った性質の糸がそれぞれの特色を生かしながら、相手の短所を補い合うことができます。たとえば、タテ糸にコットン100％の糸を使い、ヨコ糸にポリエステル100％の糸を使って生地を織るとします。コットンは、吸水性はありますがシワになりやすく、水洗いで縮むことがあります。それに対してポリエステルは、吸水性は少ないのですがシワになりにくく、水洗いで縮むこともほとんどありません。

また、ヨコ糸を熱可塑性があるポリエステル100％の糸にするわけですから、プリーツ製が向上し、着用や洗濯でも取れにくくなるというメリットもあるわけです。

ニットの場合も同様で、編む時に異なった繊維の糸を同時に引きそろえて編み込めば同じことが言えます。生地の性能を上げるだけではなく、この他にデザイン上必要な風合いを出すときや強度を求める時にも用いられる方法で、混紡や交撚とはまた違った味が出てきます。

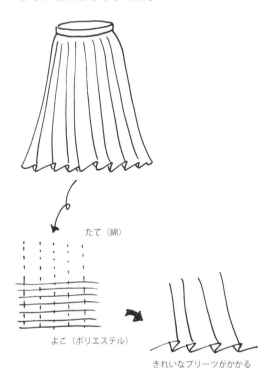

たて（綿）

よこ（ポリエステル）

きれいなプリーツがかかる

①熱可塑性がある糸をツル状に巻いて、熱を加えバネのような形状にした糸。
②工業用織機としてはシャトルを使わないレピア織機や、水や空気の高速噴射で緯糸を飛ばす、ウォータージェット・エアージェットと呼ばれる新しい機構の織機も使われている。
③たて朱子組織。よこ朱子はこの組織とは逆にヨコ糸の浮きが多い組織。
④プリント生地の場合、手捺染をした反物であれば23ｍで巻かれている。
⑤延反
⑥一着の服を造るのに最低必要限の長さ。反物の幅によって要尺の長さは変わる。シングル幅とダブル幅ではダブル幅の方が短い要尺になる。
⑦バンドカッター裁断機　プレス裁断機など
⑧ＣＡＤ　ＣＡＭ　コンピューターで型紙を起こしそのデーターに基づいて自動裁断するシステム。
⑨日本で生産されることはほとんどといっていいほどない。すべてが労働コストの安い海外生産品。
⑩フルファッション編機（ＦＦ）
⑪ホールガーメント（株式会社島精機製作所の登録商標）
⑫リンキングマシーン。パーツ同士の編み地のループを合わせながら一目一目かがり縫いをす
⑬ミシン。編み地が伸びると同時に縫い目も追従して伸び、ほころびない。
⑭熟練したオペレーター（編み手）の技術が必要。手間がかかるため高級品のゾーンに指定されている。「へらし」という技術により、セーターのパーツの形に編みだしていく。
⑮逆綾として左綾が表の生地もある。
⑯たて朱子
⑰反物は中表（なかおもて）といって、生地の表面を内側にして巻かれているものが多い。
⑱交織
⑲交編

第6章
染色を知る

　私たちがふだん、着ている彩り豊かな服はいったいどのように染められているのでしょうか。無地の服と柄物では染め方はまったく違います。糸の段階で染めたり、生地に織り（編み）上げてから染めたり、部分的に染め分けたり。また繊維によっても使う染料を変えなければ染まらなかったりもします。「染め」の奥深さを知ってください。

白いTシャツを購入されたお客からの質問

お客：「このTシャツを自分の好きな色に染めたいんだけど、大丈夫かな？」
店員：「そうですね！　白いTシャツですからお好きな色に染めていただけますよ！」
お客：「ナニで染めればいいんだろ？　家に水彩絵の具があるんだけど。それでしっかりと色をつければいいよね？」
店員：「そうですね。白いものに色を付けるだけですから簡単だと思います」

【適切な対応】

お客：「このTシャツを自分の好きな色に染めたいんだけど、大丈夫かな？」
店員：「そうですね・・・コットン１００％のTシャツですので身生地はある程度は染めることができると思います。ただし、色むらになることもありますので、十分にご注意ください」
お客：「色むらになることもあるんだね」
店員：「はい・・・縮んでしまったり形が変わったり、風合いが変わることもあります。またステッチの糸はポリエステルだと思います。コットンを染める染料とポリエステルを染める染料は種類が違うんです。だから、ステッチは白いままで染まらないと思われます」
お客：「それもデザインとしてアリかな・・・。一度やってみます。ところで何で染めればいいんだろ？」
店員：「手芸店の染色コーナーに専用の染料や器具が販売されています。販売店のアドバイザーにいろいろ、ご質問なさってください。誠に申し訳ございませんが、染色された際に発生した事故につきましては、こちらでは対応できかねますのでご了承ください」

【ポイント】

　ものに色を付ける元になるものを色素といいます。服はその色素の中でも染料と顔料で染められています。

　染料は水によく溶け、繊維の中に入り込み、染めます。一方、顔料は水に溶けず、色素の粒が大きいため繊維の中に入り込めません。そのため生地の表面に糊①などの力を借りてくっつけて染めます。繊維の表面に色が張り付いていると考えればいいでしょう。

　ここでは染料について簡単に説明しましょう。

　染料には大きく分けて２つの種類があります。天然染料と合成染料です。天然染料は染料の原点で、文字通り天然素材を原料に作られ、植物系、動物系、鉱物系があります。植物系は藍（あい）②や紅花（べにばな）、動物系はカイガラ虫③、ムラサキ貝④、鉱物系で有名なのは奄美大島の泥⑤などです。また伝統工芸の草木染めや趣味のお茶染め、コーヒー染め、果汁染めなども天然染料の一種です。

　天然染料では吸水性のある素材しか染めることができません。吸水性の悪い合成繊維は天然染料で染めることはできないのです。

　天然染料は原料が安定して入手できないうえに、原料から染料を作るのにかなり手間がかかることから、作り出されたのが合成染料です。合成染料は、石油やコールタールを原料に作られます。現在販売されている多くの一般的な服は合成染料で染められています。

　合成染料には種類がたくさんあって、繊維の種類によって、染まる染料と染まらない染料があります。しかし適合する染料をセレクトすれば、ほとんどの繊維を染めることができます。繊維の種類と適合する合成染料を、以下の一覧表にまとめたので参考にして

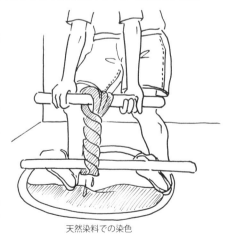

天然染料での染色

ください。

　家庭で手持ちのTシャツなどを染め直すことがあります。しかしその場合、吸水性の悪い素材はなかなかうまく染めることができません。最近では合成繊維も含め「あらゆる素材が家庭で染められる」という触れ込みで手芸コーナーなどで家庭用染料が販売されています。しかしこれも、染色補助剤を使うなど、ある程度の制約を受けます。服を染める前に、あまり布などで試してから使用されることをお勧めします。

染料の種類＼繊維の種類	コットン・麻	ウール・シルク	レーヨン・キュプラ・ポリノジック	ナイロン	ポリエステル	アクリル	アセテート	ポリウレタン
直接染料	◎		◎					
酸性染料		◎		◎				○
バット染料	◎		○					
分散染料				○	◎	○	◎	○
反応染料	◎	○	◎					
カチオン染料					◎ CDポリ	◎		

 服はどのように染められるのですか？

 大きく分けると2種類の染め方があります。
浸染（しんぜん）と捺染（なっせん）です。浸染は生地全体を同じ色に染める方法で、一方、部分的に染色して模様を染め出すのが捺染（プリント）です。

まずは浸染について説明しましょう。

浸染とは染めたいものを染料が溶けた液の中に浸し、その繊維に適した染料と温度、時間で染色します。

浸染には先染め（さきぞめ）と言われるものと後染め（あとぞめ）と言われるものがあります。先染めはワタや糸の段階で染めることを言います。これに対し後染めは、生地になってからの段階やＴシャツやセーターのように服にしたあとで染めることを指します。

「先染めでも後染めでも、染まっていればいいんじゃないの？」と思いがちですが、たとえば先染めのボーダー柄のＴシャツと、後染めの無地のＴシャツとはいろいろな面で違いが出ます。さて、どう違ってくるのでしょうか。

メーカーが、来シーズンに先染めのボーダー柄の生地でＴシャツを作ることを選ぶか、後染めの無地のＴシャツを作ることを選ぶかは、実は、生産期間（納期）や生産ロット（１回で生産できる量）に大きく影響します。

一般的に生産期間については、先染めの方が時間がかかります⑥。なぜかというと生地になる前のワタや糸の段階で染めてから生地に織ったり編んだりするためです。

ボーダーのＴシャツはたいていが先染め。作るのに意外と時間がかかる

一方、後染めの場合、染色前の織物⑦があれば、それを染めればいいわけですから、先染め生地ほど時間はかかりません⑧。ファッションの動きが速い最近では、後染め生地なら注文してから１週間〜 10 日で納品してくれるケースもあります。一方、先染めなら早くても約１か月かかります。

しかし、こうしたスピード納品は、染工場に対してかなり無理を強いることになるため、色ブレなどの問題が発生するケースが増えています。企

画担当者は、納品を急ぐ場合は特に染工場と十分な打ち合わせのもとに企画を進行させましょう。

　このことからわかるように、企画・生産期間が短いと、とかく後染めでできる無地の企画が増えてしまいます。よしんば先染め生地を使うにしても、柄を起こしてオリジナルの先染め生地を作ることは納期的に難しく、テキスタイル商社⑨のルート品⑩から選んで使うことになります。したがって、生地から作り、オリジナリティーをアップさせるためには生産期間を十分に取る必要があります。ただ昨今のめまぐるしいファッションのトレンド変化は、なかなかそれを許してくれません。この辺りの事情が、最近面白い生地で作られた服の企画が少ない要因になっていると思われます。

　現在は「ファストファッション」の時代。つまり市場で流行っている服を安価に超スピーディーに生産して市場に広め、多くの消費者に喜んでもらえるシステムが花盛りの時代。そうすると画一化する可能性が高く、よく考えてみれば少しさびしい傾向だとも言えそうです。

　生産期間のほかに、量産品を発注する際に必要な知識が生産ロットの問題です。染め方が変わると染色機も変わります。染色機の大きさもそれぞれ決まっているため、1回に染色できる量も決まってきます。これを「染色ロット」と言います。

　量が多い場合には大きな釜の染色機を使うか、小さな釜で染色ロットの回数を増やせばいいわけですが⑪、量が少ない場合であっても染色ロットの最低量は維持しなければ、指定された色とブレが出るなどの問題が発生しやすい。

　基本的には後染めで1色2反（約100m）、先染めで1色6反（約300m）が最低ロットですが、素材やテキスタイルの違い、染色工場（染工場）の設備や生産体制によって最低ロットの量は変化します。基本的な染色最小ロットを必ず確認するようにしましょう。

　このように、先染め生地や後染め生地というだけでも染色条件にかなりの変化が出てくるのです。

さらに先染め生地には以下のような種類の染色方法があります。

- **わた染め**──わた、バラ毛の状態で染めるもの
- **トップ染め**──トップ（羊毛、獣毛のバラ毛）の状態で染めるもの
- **かせ染め**──糸をかせにした状態で染めるもの
- **コーン染め**──糸をコーン巻きにした状態で染めるもの
- **チーズ染め**──糸をチーズ巻きにした状態で染めるもの
- **かすり染め**──糸の段階で部分的に染めるもの

わた染め、トップ染めを「原料染め」。かせ染め、コーン染め、チーズ染め、かすり染めを「糸染め」と言います。原料染めは糸になる前の原料段階で染めることで、糸染めは糸の状態で染めることを言います。

染めるものの形態が変わると染色機械も異なってくることは先ほど述べました。

わた染めやトップ染めは、染色かごの中にバラ毛を入れて染めるのですが、糸染めに比べどうしても一度に染める量は多くなってくるのです。

しかし同じ釜で染められた大量の繊維を糸にして織り上げるために、反物ごとの色ブレはほとんどないと言えます。また繊維に染めてから糸にしたり生地にする工程があるため、色落ちしにくい、かなりしっかりとした染色が施されることも事実です。

また後染めには以下の種類のものがあります。

- **反染め**──織・編物など生地の状態で染めるもの
- **製品（ピース）染め**──製品の状態で染めるもの

この場合も反物を染める染色機と製品を染める染色機には大きな違いがあります。製品染めの場合は小さな染色機なら家庭用洗濯機ほどの大きさのもの

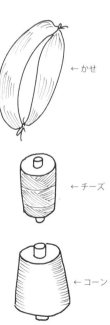

←かせ

←チーズ

←コーン

もあります。生産ロットは1枚からでも可能です。

　しかし、大量生産の場合は釜の大きさに限度があり、一度に大量の製品を染めることができません。そのため小さな釜で何度も染めることになり、製品ごとの品質にバラつきが出ることがあります。

 捺染について教えてください

　捺染とは、染料や顔料で生地に模様を付けた後、熱を加えるなどの後処理をして染料や顔料を柄模様に染めることです。部分的に生地を染めることを言い、手描き友禅・ろうけつ染め・絞り染め・注染などの伝統的な染め方も捺染に含まれます。
捺染の種類としては以下のようなものがあります。

直接捺染法

　染料と糊、または顔料と樹脂を混ぜたもので生地に模様を描き、染料を直接布に付着させる方法です。

抜染（ばっせん）法

　・白色抜染

色が抜ける（消える）染料で生地全体を染め（地染め）ます。そのあと生地に、色を抜く作用のある抜色剤と糊を混ぜ、模様に付着させると白抜きの模様が生地に施される方法です。

　・着色抜染

「抜色剤＋糊に抜色剤に強い染料を混ぜたもの」を模様どおりに付着させ、抜染と着色を同時に行う方法です。

防染（ぼうせん）法〈ろうけつ染〉

　生地の模様の部分に溶けた染料が付着、浸透しないような糊、または蝋

などを付着させた後、生地を地染めします。糊や蝋のついていた部分だけ白くなった模様になります。

着色防染といって防染剤＋糊。に、防染剤に強い染料を混ぜたものを模様に付着させた後、生地を地染めします。色模様をつくることができます。

捺染の方法としては反物段階で行われる捺染法と、パーツや製品段階で行われる捺染法があります。

まずは主に反物段階で行われる捺染の方法について説明しましょう。

手描き捺染

筆に染料や顔料を含ませて模様を手描きします。日本の伝統工芸のひとつで、高価な和服地などに用いられる手法です。アパレル用素材ではほとんど見られません。

しかし最近、Tシャツやポロシャツなどの製品に一点ずつ染料や顔料などを使って手描きをして個性化を狙う企画も出てきています。

ハンドスクリーン捺染（手捺染）

業界では「ハンド」と言われる捺染方法です。人の手で捺染作業を行います。染色台に1反分（23m規格）の生地を広げて貼り付けます。模様を接着した紗布を型枠に張ったスクリーンを生地の上に置きます。そこに色糊（抜染剤、防染剤なども）をゴムベラ⑫で塗りこみ、スクリーン目を通して生地にプリントする方法です。柄の色数だけスクリーンが必要なため、多色プリントであれば、その色ごとに何回も塗りこむ作業が行われます。色数が多い柄の場合1日に出来上がる生産量は23mの反物で2〜3反しか捺染できないことがあります。高級な手のこんだ柄の場合に使われます。

<濱文>

201

ただし、これから説明する自動化されたプリントに比べ、品質の安定性に欠ける点があります。
　23mの台で何回もプリントを繰り返すわけですから、1日に生産できる量は決まっており、一度に大量生産することはできません。また日によっては捺染の技術者が変わるという人的変化もあります。捺染時の気温や天候の変化、技術者の違いにより同じプリントでも微妙に色が違うケースも多いと言えます。

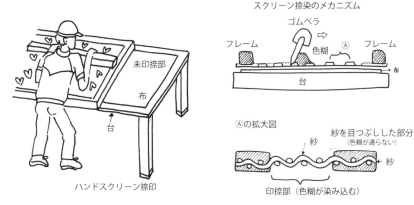

オート（フラット）スクリーン捺染

　ハンドスクリーン捺染と原理は同じです。一連の工程を機械化したものです。違う点はハンドスクリーン捺染が生地を固定し、スクリーンを移動しながら染めて行くのに対し、オートスクリーン捺染は柄の色数に応じてスクリーンが固定して一列に配列され、その下を生地が移動しながらプリントされてゆきます。機械の長さにより取り付けられるスクリーンの数に限度があるため、色数も機械に取り付けることができるスクリーンの数が限度になり、多くて15色ぐらいです。ハンドスクリーン捺染より大量生産ができ、1分間に5〜15mプリントできます。そのため手捺染に比ベコストも安くなります。プリントするとき生地は、スクリーンの幅ずつ間欠移動しながら捺染されます。したがってストライプのような連続した柄はズレることがあるので適しません。

<東伸工業株式会社>

ロータリースクリーン捺染

手捺染やオートスクリーン捺染がスクリーンが平面状なのに対し、スクリーン型を円筒（ステンレス製）にしたものです。色糊は円筒の中から染み出させ、模様の型を抜けた染料が布地に染め着きます。オートスクリーン捺染は間欠式ですがロータリースクリーン捺染は連続捺染式なのでプリントできる速度は1分間に60〜80mといったところです。また、ストライプなどの連続柄も可能です。色数は15色ぐらいまで使えます。ただし円筒形のスクリーンの価格が高く、色数を増やすと高コストにつながるため5〜6色までのプリントがほとんどです。

次に主にパーツ、製品段階で行われる捺染法について説明します。反物でプリントするのとは違い、反物を裁断したり（パーツ）、服として縫い上げてからプリントします。胸のワンポイントのプリントやTシャツのロゴプリントに多用される手法です。この場合は染料より顔料を使ったプリントがほとんどです。

ロータリースクリーン捺染機
<松尾捺染株式会社>

ローラー（ロール）捺染

　銅で造られた大きな円筒形のロールに模様を彫刻し凹板の柄模様になったところに、色糊をすり込みます。ロールが回転し生地に接触して色糊をプリントします。ロールは1色につき1本で、色数だけのロール本数が必要になります。大柄なものや多色には適していません。1分当たり100m以上の高速でプリントできますが、最近の多品種小ロット⑬という市場の性格上、使われることが非常に少なくなっています。

彫刻された
ローラー捺染のロール
＜太田重染工＞

インクジェット捺染

　染料や顔料をエアージェットによって生地に吹き付けて捺染します。スクリーンプリントと違いスクリーンは使わず、パソコン上に組んだ柄をそのままカラーコピーのように生地にプリントする方式です。反物でも製品1枚からでもプリントできるというメリットがあります。

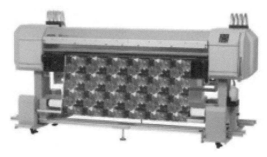

捺染インクジェット
プリンタ
＜武藤工業＞

またインクジェット捺染をより進化させた⑭新しい表現をするプリントも開発され、数多く市場に出回るようになっています。

転写捺染

　パソコンで作成したデザインを転写紙に染料と糊剤からなるインキでインクジェットプリンターで印刷しておきます。この転写紙をパーツ生地に圧着します。その上で加熱し柄模様を紙面から生地面などにインキと糊剤を転写させるという捺染方法です。この方法は水を使わずに染めることができます。そのうえ、簡単な設備でプリントできるため気軽にＴシャツプリントなどにも使われます。

昇華（しょうか）転写捺染

　プリントの原理は前述した転写捺染と同じです。ただし、パソコンで作成したデザインをインクジェットプリンターで転写紙にプリントしますが、その際に昇華（生地に熱などで気化し移染）しやすい染料を使用します。その転写紙を高温でプレスまたはロールで生地に捺染します。

　昇華転写捺染は昇華しやすいポリエステル１００％の生地が最も美しくプリントできます。また、染料を気化して生地に直接移染させてプリントするため糊剤を使った転写捺染とは異なり、プリント部分の風合いの変化もありません。

　ただし、他の服の淡色部分にこのプリントをした部分が密着すると、短期間で色が移ってしまう事故が発生することがあります。加工コストも安価で手軽にできますが、商品企画の際は十分に注意してください。

 顔料プリントについて教えてください

 捺染には染料を使ったプリントと顔料を使ったプリントがあります。染料プリントは染料と糊を混ぜ、柄模様にプリントしたあと生地を蒸して、

繊維に染料を染めつけます。そしてその生地を水で洗い糊を十分に落とします。生地には染料だけが柄に染色されて残ります。反物にプリントする場合は染料プリントがほとんどです。

　一方、顔料プリントは顔料と糊剤⑮を混ぜ、やはり柄模様にプリントします。このあと熱や自然乾燥によって顔料と糊剤を生地の上に固着させます。これで完成です。

　このため顔料プリントは染料プリントに比べ、大きな工場施設は必要なく、また小ロット生産も可能なのです。

　顔料と同じく、転写捺染も糊剤が使用され生地の表面に固着されている形になります。プリントされているところは樹脂で固着されているため、生地の表面は凹凸になっていて均一ではありません。また、プリント部分は風合いが固いのが特徴です。

　これらのプリント品にはウィークポイント、デメリットが必ずありますので、加工方法をよく理解して企画や販売をすることが大切です。

　まず顔料を使用したプリントはドライクリーニングで剥離することがあります。

　顔料を糊剤を使用している生地に固着させているため、糊剤が落ちるとプリントも脱落します。顔料・転写プリントのドライクリーニングにおける一般的な限界は石油系による処理までです。

　ドライクリーニングが必要なデザイン企画の場合、プリント工場にドライクリーニング石油系に耐えられるバインダーを使用してもらうように打ち合わせをすることが必要です。通常、こういった種類のプリントは水洗いしか対応できないバインダーが使用されています。プリントＴシャツなどはドライクリーニングが一切禁止されている服も多いのはそのためです。また洗濯するときも揉み洗いは絶対に避けましょう。プリントの割れや剥離につながります。洗濯機洗いは避け、2〜3分で押し洗いすることをお勧めします。

　洗濯機で洗う際はネットを使用して弱水流で2〜3分洗いにしてください。

アイロンがけの時は圧力をかけながら、アイロンを滑らすことは避けてください。
　アイロンは直接プリント部分に当てないでスチームで浮かしながらかけるか、あて布をしたり、裏側からかけるようにしてください。
　アイロン温度は低温（80～120℃）でサッとかけましょう。
　その他、ポリエチレン袋などに入れて、高温多湿の場所に長時間保存するとプリントが袋に貼り付いたり、剥離することがあります。特にバックヤードに在庫品として置いておく場合は、あまり大量の枚数を重ね置きしないように注意しましょう。時々袋から出して検品するようにしてください。

Q 生地を裁断したり、製品にしてから染色やプリントがされるのはなぜですか？

　浸染については原料であるワタや糸、反物の段階における内容、またプリントについても反物段階における捺染方法を主に述べてきました。しかし原料段階におけるこれらの染色方法のほかに、裁断後や縫製後に浸染したりプリントをすることもすでに述べている通りです。
そのひとつが、ガーメントダイ、ピースダイ (PIECE DYE) とも言われる手法です。
　ガーメントとは一般的に衣服全般を指す用語です。しかし染めやプリントで使用される場合は、裁断あるいは編み出されて縫製される前の各パーツを表わすケースが多いです。したがって原反にパターンを乗せ裁断されたものか、各パーツの形に編み出されたものを縫い合わせる前に浸染、捺染されることを言います。
　特にパーツに裁断してからプリントをすると、必要な部分だけにプリントを行うことができます。特にパーツごとに編み出しをして縫い合わせるような「横編み」と言われるセーターやカーディガンにプリントをする場合には必ず使用されるテクニックです。

207

でもワンポイントプリントの場合、パーツごとにパターンでしっかり捺染位置を決めないと、製品ごとに統一されたものは生産できません。またパーツごとにバラバラで染めるため縫い合わせて1枚の製品にした場合に、パーツごとの色差が発生するので注意が必要です⑯。

次に、製品染め・製品プリントと言われる、服に縫い上げられてから浸染や捺染される手法について説明します。

Tシャツやトレーナーなどに施されているロゴプリントなどはそのほとんどが製品プリントと見てよいでしょう。

原反で浸染・捺染すると大量に製品化を図らなければなりませんが、製品で行うと必要な枚数だけ加工を行うことができ、生産ロスが少なくてすみます。また原反を染色するような大規模な工場が必要ではなく、小規模な設備で生産することが可能です。1枚からの生産が可能ですので、オリジナリティーの高い製品企画ができます。

服全体を染める製品染めの場合は小さな染色機が使え、洗濯するように染められます。そのため新品の服でありながらシワやスレが出て、どこか着古したような感じの服に染まります。大量生産をする場合は、品質にバラつきが出て当たり前の、むしろその面白さを狙った企画で使われる手法と言えます。

その他に製品にしてから顔料と糊剤で全体を染め、着用や洗濯を繰り返すうちにスレや毛羽立ちが出てくることを狙った加工もあります。そういった服はドライクリーニングをすると激しく変色することもあるので、洗濯絵表示に従って取り扱ってください。

①合成樹脂
②藍染
③メキシコのサボテンなどに付く虫
④主に地中海に生息
⑤奄美大島の泥染など
⑥通常は２カ月以上
⑦生機（キバタ）といわれる
⑧通常は３０〜４５日
⑨テキスタイルコンバーターなど
⑩いろいろな同業他社に販売される品物
⑪染色回数を増やせばそのたびに色ブレは発生する
⑫スキージ
⑬いろいろなものを少しずつ
⑭ビスコテックス®　セーレン株式会社が開発したプリントシステム
⑮合成樹脂（バインダー）
⑯浸染・捺染ともに製品ごとにばらつきが発生することが企画趣旨であるならば問題ない

第7章
生地の整理加工

　生地を染色する前と後には整理加工が行われます。自分でTシャツを染めるときも同様のことを行います。染色前には生地の汚れやほこりを取り除き、色ムラなどの問題をなくすために行い、染色後には生地のお化粧が行われるのです。ほかにも風合いや外観に変化を与えたり、特殊な機能をもたせたり、新しい素材に作り替えるなどさまざまな整理加工について解説します。

白いTシャツを自分の好きな色に染めたい

お客：「このTシャツを自分の好きな色に染めたいんだけど、大丈夫かな？」
店員：「そうですね！ コットンの白いTシャツですからお好きな色に染めていただけますよ！」
お客：「コットン用の染料で染めればいいんだね」
店員：「はい！ 簡単ですからご自宅でお試しください」

【適切な対応】
お客：「このTシャツを自分の好きな色に染めたいんだけど、大丈夫かな？」
店員：「そうですね！ コットンの白いTシャツですからお好きな色に染めていただけますよ！」
お客：「コットン用の染料で染めればいいんだね」
店員：「ご使用される染料にもよりますが、染められる前の処理としてTシャツを中性洗剤で洗濯していただき、汚れや糊、柔軟剤などを洗い流してください。そして濡れたままの状態で重さをはかっていただき、その重さに合わせた染料をご用意ください」

【ポイント】
　製品を染色する場合でも同じなのですが、糸や生地を染める場合は、その前に「不純物を取り除く」という工程があります。不純物というのは植物繊維の場合は葉カスや植物性のクズ、動物繊維の場合は油や汗などの油性のもの、また天然繊維に限らず化学繊維にもついている糊剤や機械油、ほこりなどの汚れです。
　また、製品では最後に風合いを柔らかくするために柔軟加工剤などを使用している場合もあります。

これらの不純物を洗い流し、本来の繊維だけの状態にしてから染めなければ、汚れや色ムラなどの原因にもなります。
　テキスタイルの業界では不純物を取り除く工程を精練（せいれん）と言います。精練の方法は繊維の種類によって取り除かなければならない不純物の種類が違うため、洗い方や使われる薬品はすべて違います。
　繊維にはもともと素材色というものがあって、繊維それぞれで白さに違いがあります。特に天然繊維は素材ごとに白度の違いが大きく、そのまま染めてもきれいな色に染まりません。
　コットンやウールは精練のあと、漂白剤を使って色を白くします。しかし漂白しても完全に真っ白にはなりません。このような状態を一般的に生成り（きなり）カラーと言います。真っ白として使う場合はさらに蛍光増白剤を使ってさらに白くします。
　合成繊維の場合は繊維自体が白いので精練のあとは漂白を行わなくても生成りカラーになっています。さらに白くするには精練後すぐに蛍光増白剤だけで真っ白にします。
　白色も色と考えれば蛍光増白剤を使う工程は染色と同じです。
　生成りカラーにするまでの工程を染色前整理加工（精練・漂白）と言います。

 生地を染色したあとは何もしないで完成ですか？

　生地は染色しただけでは服の素材としてはまだ完成ではありません。そのあとはよく水で洗い、余分な染料を完全に落とす工程や、さらに色落ちを防ぐ加工。また生地に光沢を出してきれいに見せたり、風合いをよくしたり、縮みにくくしたりシワが寄りにくくするなどの加工を行い、生地としての商品価値を上げます。染色してからの加工を整理、仕上げ加工と言います。
　整理、仕上げ加工は糸や生地に物理的、化学的処理を加えて外観・風合

いを改良したり、機能を改質して用途に合った性能を生地にもたせることを目的としています。仕上げ加工には色々な目的と方法があります。

以下に生地に一般的に行われる整理、仕上げ加工について説明します。仕上げ加工は主として生地の形態、寸法、表面形状、風合いなどを調整するためにごく一般的に行われている加工です。

毛焼き

綿織物や梳毛織物に行われる加工です。織物の生地表面に飛び出している毛羽を焼きなめらかな感触にする処理です。ガスの火や電気ヒーターなどの上を高速で生地を通過させ焼きとります。ガス焼きとも言われます。

起毛（きもう）

生地の表面を特別な針で掻き、毛羽を起こす加工です。綿織物のネル、毛織物の毛布などはこの整理、仕上げ加工で造られます。新合繊でも表面が粉をふいたようにパウダータッチの温かみのある生地がありますが、これも起毛の一種で薄起毛と言われます。この加工により保温性や感触が向上します。

剪毛（せんもう）

起毛したあとの生地の毛羽やパイルを一定の長さに刈り揃えて、生地表面の外観を美しく整え見栄えを向上させる加工です。この毛羽の長さによって生地の表面感や風合いが変化します。

煮絨（しゃじゅう）①

毛織物で行われる整理、仕上げ加工です。毛織物をローラーに巻きつけて熱湯に漬けたあと、すぐに冷やして生地のひずみを少なくする加工です。ウールが持っている熱可塑性を利用しますが生地全体をセットすることで、寸法を安定させることができます。また、決められた生地幅に仕上げるという目的もあります。

蒸絨（じょうじゅう）②

毛織物に蒸気を当てることにより生地を安定させて整え、羊毛に本来の艶や柔らかさを与える加工です。オープン蒸絨機と密閉蒸絨機があり、一

般的にオープン蒸絨機はセミデカ、密閉蒸絨機はフルデカと呼ばれます。セミデカは織物をシリンダーに巻き取り、芯から蒸気を出して蒸しながら生地を安定させて整えます。フルデカは織物をシリンダーに巻き取り釜に入れて高圧の蒸気で強く蒸してさらに安定させて整えます。

　みなさんも髪の毛をセットするときに、蒸気を当ててカールをさせたり、ストレートに伸ばしてみたりすることがあると思います。ウールと髪の毛は同じ性質であることはすでに説明した通りです。髪の毛もスチーム（蒸気）を当てた方が、より形が整いやすくなるのと同じことです。

　毛織物の加工のときも同じようなことが行われると思えばいいでしょう。

カレンダー仕上げ

　生地に熱ローラーを滑らせることによって、生地表面に艶や光沢を出す加工です。アイロンを生地に強く当ててこすると生地にテカリが出ることがありますが、原理は同じです。ただしこの加工方法だと洗濯で生地が再び毛羽立つことがあり、光沢が減少することがあります。今は表面を樹脂加工しこの方法を行うことで、耐久性のある光沢が得られるようになっています。

柔軟加工

　柔軟剤をつけることにより、生地の風合いを柔らかくする加工です。

ヒートセット③

　生地は織り、編み、染色などが施されるプロセスで引っ張られ、歪んでいます。この歪みは、服になってから洗濯したときの縮みの原因になります。合成繊維やその混紡などの生地は、熱可塑性を利用してあらかじめ熱を加えて、生地全体を安定させて整えることで、寸法変化を少なくさせることができます。また、決められた生地幅に仕上げるという目的もあり、生地の耳を揃えて固定し、熱やスチームを加えて一定の幅に仕上げます。

艶出し

　生地表面に光沢をもたせる仕上げです。生地をプレスしたり摩擦したりして艶を出します。カレンダー加工ほどの光沢は出さず、素材本来の自然

なツヤを出す加工です。

 これら以外に仕上げ加工はないのですか？

特別の目的をもって行われる特殊仕上げ加工があります。特殊仕上げ加工は一般の仕上げ加工では得られない風合いや外観の変化、特殊な機能を持たせたりと、今までになかった新しい素材を作ることを目的としています。

加工方法は実にさまざまで、素材に熱や圧力を加えたり、引っ張ったり、こすったり、樹脂を塗りつけたりシート状にして貼り合わせたりする物理的な加工方法と、酸やアルカリ、その他の薬品で科学的に処理する方法があります。

またこれらの加工は日々進歩しており、数え挙げれば枚挙にいとまがありません。

特に顔料プリントに代表される特殊プリントは、豊かな発想力で本当に面白い工夫に富んだプリント加工が数多く開発されています。

一般的によく耳にする特殊仕上げ加工の目的と種類を一覧表にしておきますので参考にしてください。

特殊加工で
別人のようになる私、
じゃなくて生地……

目　的	加工の種類
風合いを変化させる	アルカリ減量加工 増量加工 擬麻加工
外観を変化させる	シルケット加工 シワ加工 プリーツ加工 エンボス加工 クレープ加工 モアレ加工 オパール加工 ストーンウォッシュ加工
特殊機能を持たせる・ 機能を向上させる	防縮加工 防シワ加工 ウォッシュアンドウェアー加工 防炎加工 難燃加工 帯電防止加工 防汚加工 防融加工 ピリング防止（抗ピル）加工 防水加工 はっ水加工 透湿防水加工 吸湿・吸汗加工 速乾加工 ＵＶケア（カット）加工 抗菌・防臭加工
新しい素材を得る	フロッキー加工 ボンディング加工 ラミネート加工 オイルコーティング加工 金属蒸着 再帰反射加工 発泡プリント 箔プリント ラメプリント パールプリント その他特殊プリント類 人工皮革 合成皮革

①縮絨の一種
②煮絨と同じく縮絨の一種
③幅出しとも言われる

第8章
様々な素材

　服には織物や編物などのほかにも様々な素材が使われています。また、主素材以外にボタンや裏地、芯地といった縁の下の力持ち的存在のものもあります。本章ではレースやレザー、毛皮といった服の素材の特性や取り扱い方法、またボタン、裏地、芯地など付属や副資材と言われるものについて説明します。

レースを使った服についての質問

お客：「このレースの服、すごく繊細で素敵ね！」
店員：「ありがとうございます。この商品はすごく好評で、みなさまにそう言っていただけます」
お客：「このレースは手作りなの？」
店員：「いえ、そうではないと思います。おそらく機械で作っているのかと…」
お客：「機械でどうやって作るの…こんなに繊細なのに…」
店員：「そうでございますね…」

【的確な対応】
お客：「このレースの服、すごく繊細で素敵ね！」
店員：「ありがとうございます。この商品はすごく好評で、みなさまにそう言っていただけます」
お客さま：「このレースは手作りなの？」
店員：「そうでございますねぇ～。ひと口にレースと申しましてもいろいろな種類のものがございます」
お客：「レースにもいろいろな種類があるの？」
店員：「そうでございます。家庭洋裁で編まれる手編みのレースと違い、今、商品として多く出回っているのは機械レースと言われるものでございます」
お客：「機械レース？」
店員：「手で編むと膨大な時間がかかってしまうため、レースの種類に合わせたレース専用の編機で編まれたものです。専用の編機で編まれていますからとても繊細で美しいレースを編むことができるんです」

【ポイント】

220　第8章 様々な素材

生地とは繊維でシート状になったものを言います。
織物や編物のほかにレースや網地（ネット）、組み物、不織布、フェルトなどがあります。

レース

その中でもレースは「糸を編み、組み合わせたりより合わせたりして、種々の透かし模様を作った布地や編地」①と言われています。繊細で軽やかに見えるため、サマーシーズンのレディースウェアーやアンダーウェアー、装飾品としてフォーマルドレスなどにも使われます。

機械レースと手編みレースがありますが、手工芸以外の服に使われるレースは機械レースです。

主な機械レースには以下のようなものがあります。

刺繍レース②

エンブロイダリーレース－エンブロイダリー刺繍機によって施された刺繍レースです。

その刺繍機は一般的に刺繍ミシンとは異なります。全長は 14 m〜 20 m。高さは 3.5 m〜 4.5 mもあり、刺繍針の本数は 1000 本以上の巨大な刺繍機です。

エンブロイダリーレースにはいくつかの種類があります。

ケミカルレース

チュールレース（ネットレース）

などです。

ケミカルレース－水に溶ける水溶性ビニロンでできた下生地に刺繍を施し、その後、水に漬けて下生地を溶かし刺繍糸のみを残す方法で作られるレースです。以前は下生地を薬品

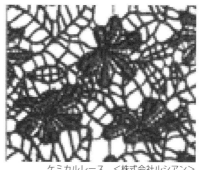

ケミカルレース　＜株式会社ルシアン＞

で溶かし刺繍部分が残るようにしていたのでケミカルの名称がついています。

　チュールレース（ネットレース）－チュール、もしくはチュール状の編目のレースに刺繍を施したものです。

カーテンレース－カーテン用として使われるレースの総称です。

編みレース③

　ラッセルレース～ラッセル編機というたて編機で編まれたレースです。編みながら柄を出していて薄く平らに仕上がるのが特徴です。

チュールレース　＜株式会社ルシアン＞

ラッセルレース　＜株式会社ルシアン＞

ボビンレース④

　リバーレース－リバーレース機という専用の機械で作られた、繊細で優美なレースです。細い糸を数多く使用し複雑な組織を作るため機械の速度が遅く高価なレースです。

トーションレース

　組みひも機を応用されて作られたレースです。イタリアのトーション

リバーレース　＜株式会社ルシアン＞

222　第8章 様々な素材

地方で作られ始めたためにこの名前がつきました。太い麻糸やコットンの糸で編まれているものが多いので粗い編み目になっています。レースの幅は２０ｃｍぐらいが限度です。
　そのほかの生地について説明します。

トーションレース　＜株式会社ルシアン＞

網地（ネット）
　糸を結び合わせたり絡み合わせて作られたものです。
薄地のチュールネットやパワーネットと言われるものから、太い糸で粗く造られたサッカーのゴールネットや魚網まであります。

組み物
　和装の帯締めや羽織のひもをイメージしてもらえれば分かりやすいと思います。生地の縦方向に、左上から右下に、右上から左下に、糸をほぼ４５度の方向に交互に交錯させて作られます。ゴムひもなどにも使われる生地です。

不織布
　繊維をワタ状のままシート状にした生地です。薄いものは障子紙のようにも見えます。繊維のワタを機械的に針などを何度も突き刺し絡ませてシート状にしたものと、繊維と樹脂を混ぜてシート状にしたものがあります。織ったり、編んだりしていないため、ほつれることがありません。

フェルト
　ウールにはスケールがあるため、お湯とせっけん（アルカリ性）につけもみ洗いすると目が詰まって、テニスボールの表面のような生地ができます。帽子や手芸用によく使われます。ジャケットやスカートに使われることもありますが、体になじみにくいためあまり広く使われません。

223

ライダースジャケットについての質問

お客：「このライダースジャケット、かっこいいね！」
店員：「ありがとうございます。シルエットもいいし、お色もキレイだと思います」
お客：「これ、レザーなんだろ？」
店員：「ハイ！　そうでございます」
お客：「レザーって、何がいいの？　というかレザーって何なの？」
店員：「そうでございますね・・・レザーは皮革（かわ）のことでして・・・これは牛の皮でできたものでございます」
お客：「だからその牛をどうしたの？」
店員：「そうでございますね・・・」

【適切な対応】
お客：「このライダースジャケット、かっこいいね！」
店員：「ありがとうございます。牛の皮を使いましたレザーのお品でございます。シルエットもいいし、お色もキレイだと思います。」
お客：「牛の皮を使ったレザーって？」
店員：「レザーは動物の皮を"なめし"という加工をしてこのような風合いにしたものでございます」
お客：「なめし、ってなに？」
店員：「なめし、というのは動物の皮をレザーにする加工の工程のです。レザーは動物の皮そのものを使って作られた素材なんです。ですからレザーは生きているといってもいいものです。湿気を吸い取り、また適当に発散するため着用されても蒸れません。風を通さずあたたかいし、身体になじみやすい快適な服です。さらに摩擦にも強いので、バイク走行中、万が一

転倒された場合でもケガから体を守ってくれます」

【ポイント】

　レザーとは革（かわ）のことです。大きな動物の革を「レザー」、小さな動物の革は「スキン」と呼ばれます。では皮革とはいったい何でしょうか？

　「そんなことぐらい知っているよ。さっきから言ってるように動物の皮でしょう」

　なるほど。でもちょっと待ってください。「皮」と「革」は、読み方は同じですが字が違っていますよ。「革」は、「改革」「革新」「革命」など、ものごとが変化するときの熟語に使われている漢字です。

　ではなぜレザーは「皮」と書かずに「革」と書くのでしょうか。それは革が皮であって、皮とは違うものに変化させられた素材だからです。

　レザー（スキン）は鞣し（なめし）という工程で皮から皮革に変化させられます。鞣しとは簡単に説明すると、動物の皮を薬品で処理して、腐らないようにして、用途に合わせた硬さや厚み、風合いや表面感にすることを言います。「皮革」という言葉は、鞣す前の「皮」と鞣したあとの「革」の両方を含めた言葉なのです。

　革は、元々は動物の皮であるため、生きているといっても言い過ぎではありません。湿気を吸い取り（吸湿性）、適当に発散（放湿性）し、風を通さず(保温性)、体になじみやすい快適な衣料素材なのです。さらに摩擦にも、着用による擦り切れにも強い素材です。だから、ライダースジャケットに使われるのです。

　直接地肌に触る部分があっても蒸れずに肌になじみ、いつまでも快適に着られます。またバイクで走行中でも、風を通さず温かく、万が一、転倒などの事故にあったとしても身体を守って怪我を軽くしてくれます。デザインがかっこいいのもさることながら、これほどライダーに適した素材はほかにはないといっても過言ではありません。

「革」のなめしについて、もっと詳しく教えてください

なめしは 動物の皮を「なめし剤」で処理するのですが、革の用途に合わせてさまざまな種類の薬品が使用されています。
主流は「タンニンなめし」「クロムなめし」「混合なめし」です。

タンニンなめし

「タンニンなめし」とは植物から抽出された「タンニン」を使用したなめしで、紀元前600年ごろから地中海沿岸で行われていたなめし方だと言われています。タンニンなめしをした革の特徴としては、茶褐色で伸縮性が小さく、硬く仕上がることが挙げられます。しかし染料の吸収がよく使いこむとツヤが出て手になじんできます。ケース、鞄、靴底など立体化する皮革製品や、ハードな雰囲気を出したレザー小物などもタンニンなめしの革で作られます。革本来の自然な風合いが出て、使い込むほどに飴色から黒褐色に変化するため、レザー好きの人はタンニンなめしの革を好むことが多いと言えます。

最近、エコロジーの考え方がライフスタイルの中に浸透し、地球環境にやさしい商品を作ったり買ったりする傾向があります。タンニンなめしのレザーは、植物を成分とするタンニンが使用されているため、土に廃棄しても有害物質を一切出さずに分解されるので、地球に優しい加工として注目を浴びています。

クロムなめし

「クロムなめし」は塩基性硫酸クロム塩という化学薬品を使用したなめしです。今から120年ほど前に開発されたなめし方で、現在はこの方法が最も多く用いられています。その理由は、比較的短い時間、低コストで加工できるので、短期間でたくさんの製品を作りたいときに便利な加工方法だからです。クロムなめしをした革は柔軟性があり、伸びが大きく、弾力性が出ます。吸湿性や耐熱性もタンニンなめしに比べ優れています。

混合なめし（ダブルなめし）

「混合なめし」はこれらのなめし方を2種類以上使ったなめしです。ダブルなめしといわれる場合もあります。通常はクロムなめしをしたあとでタンニンなめしを行います。このことにより両方のなめしのいいとこ取りをしたなめしができるのです。純粋なタンニンなめしほどの自然な仕上がりではありませんが、タンニンなめしの風合いのあるレザーになりますし、クロムなめしと同じくらい低コストで加工できるので、今のファッション業界ではよく使われるなめし方です。

このようになめしの方法によって、皮革の表面感や風合いは大きく変化するのです。

なめしが行われる木製ドラム（通称 たいこ）
<有限会社松本皮革製造所でオリジナル写真>

Q 革には主にどんな種類のものがあるのですか？

A 衣料用には、牛革、羊革、豚革が用いられることが圧倒的に多いと言えます。その他にアニマルレザー（オーストリッチ、カンガルー、ビーバーなど）、爬虫類（クロコダイル、アリゲーター、ダイヤモンドパイソンなど）、魚類革（サメなど）があります。

カンガルー　オーストリッチ　ビーバー　大蛇　ワニ

牛革は、どの年齢の牛から取れた皮で作ったかによって、次のように分類されます。

カーフ〜生後6か月以内の仔牛。きめが細かく薄く柔らかい。牛革の中では最高級品。

キップ〜1歳前後。カーフよりきめが粗い。

カウ〜3歳以上のメスの成牛。

ステア〜生後6か月以内に去勢したオスの成牛。最も需要が高い牛革。

ブル〜3歳以上のオスの成牛。丈夫で厚く、きめが粗い。

羊革は（山羊の皮革も含まれる）次の通りです。

ラム〜生後1年以内の仔羊。きめが細かく柔らかい。高級皮革。

シープ〜成羊。柔らかい感触。

キッド〜仔山羊。軽くて薄い。高級皮革。

ゴート〜成育した山羊。

　豚革はピッグと呼ばれ、牛革に次いで用途が広い革です。国産で100％調達できる唯一の皮革で、しっかりしていて摩擦にも強いのが特長です。

　また、動物の種類だけではなく、革になった部位や仕上げのやり方によってもその特徴が違い、名前も変わります。

　「皮」は一番外側に表皮があります。革として使う場合はこの表皮はなめしで取り除かれます。表皮の下に「銀面（銀面）」といわれる層があり、その下に皮の繊維が網状になっている「床（とこ）」という層があります。

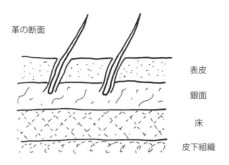

　革にはその銀面層を使った表革（おもてかわ）と床層の革を使った起毛革（きもうかく）があります。

　銀面層を使った革にはヌメ革やアニリン革などがあります。

　ヌメ革は、タンニンなめしをした革で、表面に染色や塗装をしていない革です。厚みがありながら柔らかく淡い茶褐色をしており、ハンドバッグやベルトなどに使われます。

　アニリン革は、銀面にアニリンで染色をしたものです。以前説明したように、染色には染料と顔料がありましたね。アニリンは染料の一種ですが、革に使用すると透明感が出ます。また銀面にある毛穴や筋の模様がきれいに出て、一目で革と分かる質感が出る染色方法で作られた革です。銀面のきれいな、傷の無いものでしか作られない高級革です。

　床層の革を使った起毛革にはスエード、バックスキン、ヌバック、ベロアなどがあります。

　スエードは革の裏側をサンドペーパーなどで細かく毛羽立たせ、革の裏を表にして作られた革です。

　バックスキンは本来、鹿の銀面を取り除いて毛羽立てた革を指したのですが、今では動物の種類を問わず銀面を取り除いて起毛させた革の総称になっています。

　ヌバックは銀面をサンドペーパーなどでこすり、少しだけ毛羽立ててビロードのような表面感に仕上げたものです。ヌーバックともいいます。ヌーはネオ（新しいの意）の訛ったもので「新しいバックスキン」という意味です。

起毛革の中でも最高級品です。

　ベロアは革の裏側をサンドペーパーで起毛させたものです。スエードより毛足が長く柔らかな手触りが特徴です。

　また、このほかにエナメル革、ガラス張り革という種類の革もあります。どちらも銀面を取り除く工程までは起毛革と同じですが、エナメル革は表面にポリウレタン樹脂を塗ってテカテカとした光沢を出します。ガラス張り革はガラスに貼り付け乾燥したあと、銀面をサンドペーパーで軽くこすり、樹脂などを塗ってアイロン仕上げをしたものです。硬くてハリとツヤが出て学生かばんなどに使われます。

 リアルレザーのライダースジャケットへのクレーム

お客：「このライダースジャケット、剝いでいる部分で、色や風合いが微妙に違うんだけど、これは不良品じゃないの？」
店員：「本当にそうでございますね！　申し訳ございません。すぐに別の商品とお取替えしたします」
お客：「お願いします」
店員：「お客さま。誠に申し訳ございません。当店のストックを調べましたところ、すべて、お客さまのお手持ちのジャケットと同じ状況でございました。」
お客：「じゃ～！　この服も不良品だね。返品するよ！」

【適切な対応】
お客：「このライダースジャケット、剝いでいる部分で、色や風合いが微妙に違うんだけど、これは不良品じゃないの？」

店員:「本当にそうでございますね! 申し訳ございません。リアルレザーは、はぎ合わせるレザーで微妙に風合いや色が異なることがございます。服のパーツの中で何匹分もの革をつなぎ合わせて作っているためでございます。一枚ずつ個性があるのがリアルレザーの服の特性でございます」
お客:「でもこんなに色が違ったら、格好が悪くて着られないよ!」
店員:「そうでございましたか。それでは当店のストックを一度、ご覧いただけますか? いろいろな光源の下で見ていただき、微妙な違いをご確認いただけますでしょうか? また、光源の違いで色が変わって見えることもございます。店内だけではなく、外の光などに当ててみてご確認ください。そのうえでご納得いただいたものとご交換させていただきます」

【ポイント】

レザーの服には個性があります。

革はその部分によって厚みやキメの細かさなど革質が異なり、また大きさも不揃いなため、服のパーツの中で何匹分もの革をつなぎ合わせて作らなければなりません。

だから同じデザイン、同じカラーでも、一着ごと、あるいはパーツごとに微妙に色や風合いや表面感が違ってくるのです。

そこで商品を買うときは店内だけでなく戸外の明るい場所などで服の外観を確認してから気に入ったものを購入するのも一つの方法です。言い換えると、一枚ずつ個性があるのがレザーの服の味わいであり、面白さ、良さでもあると思います。

ただし、あまりに色や皮質が異な

デザインは同じでも、革のつなぎ方や使い方で表情が変わる

る組み合わせは感心するものではありません。レザー製品の生産者もできるだけ色や表面感、皮革の質が類似したものを合わせて縫製するように心がけることが重要だと思います。

Q レザーの服のアフターケアについて教えてください

　革は熱に弱いです。なめしの方法にもよりますが、基本的に高温アイロンを当てると硬くなったり縮んだりすることがあります。私たち人間と同じ動物の皮なわけですから、あまり温度が高いと「火傷」すると思えばわかりやすいでしょう。

　革は熱に弱いので、繊維製品のように高温で染めることができません。革の風合いを維持するために、強い加工ができないことから色落ちしやすい素材です。また、革を水にぬらしてあわててストーブなどの熱で乾燥すると、縮んで硬くなります。

雨に濡れると色落ちしやすい

ストーブで乾燥するとちぢんで硬くなる

233

汚れやシミは皮革の細胞に深く浸透するため、いったんシミ込んだ汚れやシミは落とすことが難しいです。そのうえ、湿度が高い状態では、付着しているシミや汚れによってカビが発生しやすく、また皮革そのものもカビにとっては養分であるためにより発生しやすいのです。

　このように説明すると、レザーをすごく取り扱いが難しい素材のように思ってしまいます。しかし、革は本来、動物の身体を守ってきたものです。取り扱いさえ間違わなければ半永久的に使用できる、使い出のある素材でもあるのです。

　ここで、ごく一般的なレザーの服について、その手入れ方法をご説明しましょう。

　表革の場合、軽い汚れであれば乾いた布でふき取るかブラッシングしてください。部分的な汚れが付いた場合は市販されている専用のレザークリーナーを布につけて軽く拭きとりましょう。

革の手入れはやさしくこまめに

　ヌメ革やアニリン革はレザークリーナーがしみ込んでシミになることがあります。一度、目立たないところで試してから使用してください。革用の消しゴムなどでも汚れを落とすことができますが、やはり目立たない部分で試してから実行されることをお勧めします。ベンジンやシンナー、中性洗剤は、色落ちしたり革のツヤがなくなるので使用しないでください。

　水に濡れてしまった場合は、水滴を払い落し、タオルで叩くようにして

水分を吸い取ります。そのあとは風通しの良い場所で、直射日光に当てずに陰干しをしてください。乾燥後、ゴワゴワするようなら市販の専用革クリームを塗って油分を補います。濡れた革は特に熱に弱いです。絶対にストーブなどで乾かさないでください。

　起毛革の場合はほこりが付きやすいため、こまめにブラッシングするこ

スエードやバックスキンは、
特にこまめにブラッシングする

とが大切です。ブラシで取れにくい汚れやテカリは、天然ゴム系のブラシである程度取ることができます。液体の汚れが付いた場合は内部にしみ込まないうちにすぐにティッシュペーパーや乾いたタオルで叩くようにして吸い取りましょう。

　レザーの服のひどい汚れやシミについては、無理をしないで、早めにクリーニング店と相談しましょう。時間が経てば経つほど落ちにくくなります。

　レザーの服は基本的に水洗いもドライクリーニングもできません。商品企画をする時に、一般の素材の服に革の付属品を使用する場合もあるでしょう。そんな時は、消費者が着用後、必ずクリーニングすることを考えて、洗濯やクリーニング時には革の付属品を取り外せるような仕様にしましょう。またそれができない場合は、最低限、ドライクリーニング石油系の処理ができる皮革を選びましょう。革の濃色を淡色の生地を組み合わせた服の場合、クリーニングなどで色がにじみ出す（色泣きする）ことがありますので、濃淡配色製品を企画する場合は、色落ちや色移りがないか確認してから使用してください。

カビの手入れについては表革ならカラ拭き、起毛革はブラッシングします。縫い目などの細かい部分は歯ブラシなどを使用するときれいに取れます。カビを取ったあとは、肩幅と厚みの合ったハンガーにかけて陰干しし乾燥させて十分に除湿してください。カビにも種類があり、白カビの場合はこの方法でほとんど取ることができますが、青カビや黒カビだと色が残ってしまい、完全に取ることができない場合が多いので注意してください。

　最後にレザーの服の保管方法についてご説明しましょう。

肩幅と厚みの合ったハンガーにかけて陰干しし、乾燥させて十分に除湿してください。針金ハンガーや肩幅の合っていないハンガーにかけると型崩れの原因になります。

ビニールカバーは、中に湿気がたまりカビ発生の原因になります。ほこり除けにはレザー専用の布織布で作られたカバーや風呂敷などをかぶせてください。そして湿気がなく、風通しがよい、日のあたらない場所に保管しましょう。

　収納する場合は、衣装箱なら一箱に一枚を目安にしてください。ハンガーで吊るす場合は、前後に余裕を持たせてください。他の服と重ねたり擦れたりすると、色移りすることがありますので注意してください。

肩幅にあったハンガー

合成皮革の商品への質問

お客：「このジャケット、本革なの？」
店員：「いえ、フェークレザーでございます」

お客：「なんだ、フェーク・・・ってことは偽物ね！・・・どおりでお値段が安いと思ったわ」
店員：「確かにそうなんですが・・・お値段が安いので気軽に着ていただけますよ！」
お客：「でも、これじゃー、安っぽいわよ！」

【適切な対応】
お客：「このジャケット、本革なの？」
店員：「いえ、フェークレザーでございます」
お客：「なんだ、フェーク・・・ってことは偽物ね！・・・どおりでお値段が安いと思ったわ」
店員：「確かにお値段はこなれています。でも本革の欠点といえる部分を補っている素材なんです」
お客：「本革の欠点？」
店員：「はい、リアルレザーには風合いや厚み、表面のキメなどが微妙に異なりますが、フェイクレザーの場合は品質が一定で、厚みや風合い、表面のキメが同じです。また、水にも強く、雨にぬれてもシミになったり硬くなったりしません。それに、一度ご試着いただければお分かりかとは存じますが、とても軽く着やすい商品となっております」

【ポイント】
　皮革に似せた生地には擬革（ぎかく）、合成皮革、人工皮革の3種類があります。
　擬革は、主にポリ塩化ビニル樹脂などの合成樹脂を生地に塗って革に似せたもので、塩ビレザーやレザークロスとも呼ばれます。手帳の表装などによく使われ、服の素材としてはあまり使用されません。塩ビレザーを服に使う場合は、ドライクリーニングすると表面が硬くなりひび割れることがあるので注意しましょう。洗濯は水洗いのみ可能です。

一方、服の素材としてよく使われるのが合成皮革や人工皮革です。
　合成皮革は主にポリエステルやナイロンで作られた生地（織物や編物）にポリウレタンを発泡させたシートを貼り、その上からナイロン樹脂やポリウレタン樹脂のシートを貼り付けたものです。表革の銀面タイプのものが多いですが、一部、スエード調のものもあります。

合成皮革の構造の絵

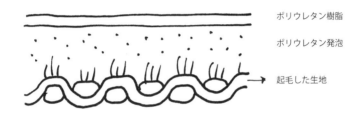

　人工皮革はナイロンやポリエステル、アクリルの非常に細い繊維で不織布を作り、それにポリウレタン樹脂を浸みこませたものが多いです。スエードタイプがほとんどですが、中には表面をポリウレタンのシートでコーティングした銀面タイプのものもあります。見分け方のポイントは、ベースとなる生地が織物か編物であれば合成皮革。不織布であれば人工皮革と思ってください。
　2017年（平成29年）3月31日までは 法律上⑤、組成表示をするときには合成皮革か人工皮革かを明確に区分けし、表示しなければならないことになっていました。しかし、4月1日より『判別が困難な製品は、人工皮革であっても「合成皮革」と表示してもよい、こととする』と表示規定が変更になりました（ただし2018年＜平成30年＞3月31日までに表示が付けられる製品については従来通りの表示が可能）。

例）

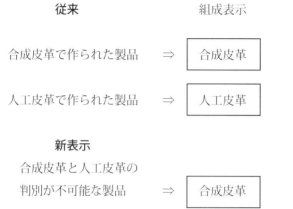

と表示してもよい。

　合成皮革や人工皮革は、天然の革の欠点をすべて補った素材と言えます。品質が一定していて厚みや風合い、表面のキメが同じで、織物やジャージのように同じ反物の中での色のブレが少ない素材です。だから、生地と同じ縫製ができ、天然の革のようにひとつのパーツの中ではぎ合わせる必要がありません。その他に天然の革のほぼ半分の軽さで、水にも強く、雨に濡れても硬くならないという特徴もあります。

　しかし、合成皮革や人工皮革は、擦り切れや破れについては天然の革ほど強くはありません。また、天然の革のような吸湿性や放湿性があるわけではないので、着用していて蒸れて暑く、汗をかいてもほとんど吸収しないため、汗を拭かずに放置して時間がたつと、汗が冷えて冷たく感じます。またクリーニングや洗濯で色移りすることがあります。淡い色の服に濃色の合成皮革や人工皮革を付属として縫い合わせる場合は、色が移らないか確認して使用してください。

　特に銀面タイプの場合、ポリウレタンのシートを表面に貼り付けています。そのため他のものと重ねて保管すると色が移ることがあります。他のものと重ねて置かず、袋に入れるか一点保管することをお勧めします。

汚れた場合は水で濡らしたタオルで軽く拭き取りましょう。ポリウレタンの樹脂はほこりや汚れを吸着して取れにくくなります。着用後はしっかりと点検し、油汚れなどについてはクリーニング店に相談しましょう。

着用やクリーニングを繰り返すと光沢や風合いが変化することがあります。またポリウレタンシートを貼り付けた合成皮革の場合、服が作られてから3～4年（早くて2年）ほどで劣化して、生地の表面のコーティングがはく離したり、白い物は黄色く変色したりします。これはポリウレタン素材の性質によるもので、完全に防ぐことはできません。販売する際は、消費者に情報としてお伝えするようにしましょう。

 毛皮のコートを購入したい

お客：「この毛皮のコート見せてもらえるかしら」
店員：「はい！　ありがとうございます。どうぞご試着なさってくださいませ」
お客：「いいコートね！　この毛並みもいいわね！」
店員：「ありがとうございます。お客さまのような方にぜひ着ていただきたいお品でございます」
お客：「ところで、毛皮って何でこんなにきれいなのかしら？」
店員：「そうでございますね。昔から、毛皮のことを"柔らかい宝石"などと呼ばれることがございます。毛皮とは・・・」

【ポイント】
　毛皮とは、体の毛が密生している哺乳類の動物の革のことです。
　人類は旧石器時代から野生動物を捕獲し、食料や防寒衣料にしてきました。密生した体毛は熱を伝えにくく、またそこにできた空気層によりさら

に断熱性がアップします。このことは外部の寒さを服の内部に伝えず、また身体の温かさを外部に逃がさないことにつながり、それゆえ毛皮は防寒用の服としては最高のものでした。

　また野生動物がもつ毛並みや柄、光沢は魅力的で美しいので、封建時代のヨーロッパでは「柔らかい宝石」と呼ばれ、財宝として取り扱われていたのです。

　毛皮には刺毛と下毛があります。毛皮は動物によってそれぞれの違いがありますが、皮膚に毛が生えている点では同じです。その皮膚に生えている毛には剛毛、粗毛、下毛の３種類があって、剛毛と粗毛が生えている毛皮を上毛、下毛が生えている毛皮を綿毛といいます。

　剛毛とは動物の口ひげやまぶたの上に生える硬い毛を指します。

　粗毛とは体全体に生える長い毛を指します。粗毛には艶と、いろいろな色があります。ヒョウやトラなどの斑紋（はんもん）や縞柄は上毛が作り、毛皮に美しさを出しているものです。それはその動物の種族の特徴をはっきりと表わす象徴ともなっています。馬や牛は上毛しかないのが特徴です。刺毛はしっかりと強くて艶がよいものが良品とされています。

　綿毛は粗毛の下に隠れている短い下毛を指し、柔らかい産毛のことです。毛皮の価値はこの綿毛の密生度によるところが大きく、密生度が高いほどその価値も高くなります。革と同じように最も毛が密生している部分は、革のキメが細かい首の後ろから背中にかけてです。最高級の毛皮製品はこの部分だけをはぎ合わせて作られていきます。

　ミンクやうさぎには綿毛と刺毛の両方がありますが、綿羊（めんよう）

には綿毛しかありません。動物によっては刺毛の肌ざわりが悪いために刈り込んだり、抜いたりするものもあります。刺毛、綿毛ともに、同じ動物でも年齢、性別、季節などで毛の質が変化します。

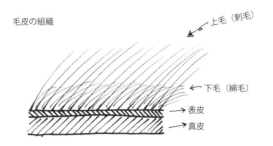

毛皮の組織

 毛皮の日頃のお手入れや保管方法について教えてください

革とは違い、毛皮は本来の美しさを維持することに重点がおかれるので、強さや実用性より、その動物の外観や感触を生かしたなめしが行われています。したがってその美しさを保つために、着用時や保管時に細心の注意が必要となります。

着用時の注意点としては、無理に折り曲げたり擦れたりすると毛皮を傷めます。毛皮を着たまま長時間同じ姿勢をとらないようにすることが大切です。たとえば車の運転やラッシュアワーの着用には注意してください。

毛並みにクセがついたら、人間の寝ぐせの付いた髪の毛を直すのと同じ要領で、その部分に蒸しタオルを2～3分当て、その後、軽くブラッシングします。毛並みが整ったら陰干しして乾燥させます。

バッグを持つときは、ハンドバッグを腕に提げたり、ショルダーバッ

グを肩にかけたりすると、持ち手、肩ひもの当たる部分の毛が擦り切れたりすることがあります。毛皮を着た時はショルダーバッグの使用は控え、ハンドバッグは手持ちにするようにします。

毛皮が雨や雪に濡れた時は、よく振って水滴を切った後、乾いたタオルで水分を拭き取り風通しのよい場所で陰干しします。アイロンやドライヤーなどで熱を当てて乾かすと、熱で毛先がチリチリになることがありますので絶対に止めてください。

直射日光、ライトに弱い!!注意してね

毛皮は匂いを吸収しやすく、一度匂いが付いたらなかなか抜けません。毛皮を着た上から香水を付けることはやめましょう。香水を直接付けるとシミの原因にもなりますから注意してください。ヘアースプレーも、毛皮を着用する前に使用するようにしましょう。

また長時間直射日光やライトにさらされると毛先が縮み、黄変することがあります。窓際に保管したり店頭ディスプレーするのは避けたほうがいいでしょう。

毛皮は髪の毛と同じようにほこりが付きやすく、手入れを怠ると毛が抜けることがあります。着用後は手の平などで軽く叩いて、内部のホコリを叩き落としましょう。そして毛並み方向とは逆方向に服をよく振って毛を立たせ、フワフワした感じを持たせます。そのあと毛並み方向に向かって毛足の長いブラシでブラッシングします。

最後に毛皮の保管方法についてです。高温多湿の日本の場合、これが一

番難しいかもしれません。

　毛皮を保管する際に最も気をつけなければならないことは、害虫と湿気です。化学変化を避けるため使用する防虫剤は1種類にしましょう。2種類以上の防虫剤を入れると防虫剤が液状化してシミの原因になります。

　洋服ダンスで保管する場合は、毛皮専用の不織布カバーや布カバーをかけて、毛皮に圧力がかからないように、他の服とゆったりと間隔を取って吊り下げます。ポリ袋は湿気が溜まり、カビの原因になるので使わない方がよいでしょう。また、時々、風通しの良いところで陰干しすることも大切です。

　衣装ケースなどで保管する際は、白布か薄紙⑥などで包み、ふっくらと畳んで入れます。毛皮を入れたケースは風通しが良く、湿度の低い場所に保管してください。

　高価な毛皮は大切な財産です。信頼できる専門業者に保管を依頼する方もあります。毛皮を保管する最も良い条件は気温10℃、湿度50％が良いと言われています。専門業者はそういった一定環境を保った保管庫を持っています。

衣装ケース

毛皮を服の付属品などに使う場合の企画上の注意点は

 毛皮製品を企画する場合は以下のことに注意しましょう。

毛皮は基本的に水洗いもドライクリーニングもできません。毛皮単体の製品であれば、専門業者が毛皮専用のパウダークリーニング（粉で洗うクリーニング）で対応してくれます。しかし、毛皮を付属品で使用する場合は必ず取り外しができるような仕様にすることが重要です。そしてドライクリーニング時には必ず取り外してもらうよう、お客さまに注意書きやタグなどで伝えることが必要です。また販売員にも注意を浸透させるようにします。

毛皮を付属品に使用することで、全部が洗えない製品になってしまうことがあるので、アフターケアのことまでをよく考え、責任を持って商品企画することが大切です。

 ボタンについて教えてください

 ボタンは服の留め具として機能的に重要なのはもちろんですが、デザインの一部としても服の大切な要素になります。

ボタンの素材としては貝や木、革などの天然素材。プラティックなどの合成樹脂素材。真鍮（しんちゅう）などの金属素材があります。中でもプラスティックボタンや金属ボタンは一般的な服によく使われます。

プラスティックボタンにはたくさんの合成樹脂が素材として使われ、その性質も違ってきます。

合成樹脂は熱可塑性と熱硬化性という2つの性質に分類されます。熱可塑性については何回も述べているため、ここでは説明を省きます。熱硬化性とは熱と圧力を加えることにより形づくられて硬くなり、そのあと再び熱を加えても柔らかくならない性質のことです。

熱可塑性のある樹脂で作ったプラスティックボタンは、**ナイロンボタン、アクリルボタン、ABS樹脂ボタン、AS樹脂ボタン、アセチボタン**の5種類

です。

　熱硬化性樹脂で作られたボタンは、ポリエステルボタンとユリヤボタンです。

　基本的に、熱可塑性樹脂で作られたボタンに直接アイロンをかけることは止めた方がいいでしょう。熱硬化性樹脂で作られたボタンはアイロンの熱で溶けることはありませんが、アイロンなどで強い圧力を加えると割れてしまうことがあるからです。

　商品企画の際にボタンを決める時には、仕入れ業者にどんなタイプのボタンなのかを確認することが大切です。そして必要に応じて「直接アイロ

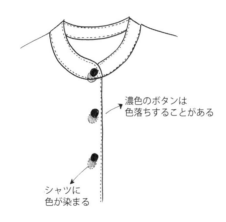

ン禁止」などの情報をお客さまに伝えられるようにしましょう。

　よく服の身生地の色に合わせてボタンを染めることがありますが、この方法は色落ちが起こりやすいので、できるだけ身生地に近い淡いカラーの既製ボタンを選んで、そのボタンを濃く染めて、生地の色に近づけてくれるよう、ボタンメーカーに依頼することをお勧めします。言葉は悪いのですが、そうすれば多少、色が落ちたとしても元々のボタンの色が生地に近い色なので、ボタンの色落ちがわかりにくいと思います。

　特に淡色の服に濃色のボタンを配色使用する場合は、後染めで色着けし

たボタンは、洗濯やアイロンのスチームで身生地に色が移ることがあります。いずれにせよ後染めボタンの使用は避けて、すでに色がつけられている既製ボタン（トップ色）から適切な色のものを選ぶのが無難です。

　ミルクを原料とする樹脂で作られたボタンにラクトボタンというボタンがあります。市場に出回っている服に一番多く使われているボタンです。

　ミルクが原料で動物性であるため、自然な手触りがあり、ウールの服によく合うと言われています。しかし、水に濡れたまま長時間放置すると、柔らかくなり後染めの場合は色落ちすることもあります。

　金属ボタンはクリーニングや洗濯の衝撃で変形することがあります。また、湿気のあるところに放置したり、ウールの服の場合は生地から酸性ガスが発生することがあり、それによって黒く錆びることもありますので、錆び止めの加工をしておくとよいでしょう。

　ABS樹脂ボタンやAS樹脂ボタンは、樹脂に金属メッキをしたボタンです。金属ボタンと同様に錆びることがありますので注意してください。

天然素材から作られたボタンの多くは、貝、木、革製です。

　貝ボタンは特に厚みが一定しないため、着用や洗濯、アイロンで押える時の圧力で割れてしまうことがあります。洗濯の際は取り外したり、直接アイロンを当てないなどの注意が必要です。また、貝ボタンを後染めすると色が落ちやすいので注意してください。

　木ボタンは、水洗いのあと長時間放置すると灰汁（あく）のようなものがにじみ出ることがあります。ボタンメーカーはこういった問題に対策を取ってくれているはずですが、使用の際にはメーカに水洗いする服であることを念押しして、しっかりと対応してもらいましょう。

　また、洗濯の際に取り外してもらえるように、お客さまに伝えるのもひとつの方法です。

　革ボタンは、ドライクリーニングで色が褪せたり硬化することがあります。ドライクリーニングに耐えられるかどうか、事前に試験を行い、確かめてから使用しましょう。もしもクリーニングに耐えないようであれば、

ボタンを変更するか、お客さまにクリーニング前にボタンを取り外すように伝えましょう。

 裏地と芯地って、服に必要なんですか？

 裏地を付ける目的には、次のようなものがあります。

①表地にハリを与え、シルエットを安定させたり、表地のシワを寄りにくくします。
②吸湿性が悪い表地に代わって吸湿性を持たせたり、薄い表地の保温性を高めます。
③すべりを良くして肌触りをよくしたり、静電気の発生を防ぎ、着脱しやすいようにします。
④表地が透けるのを防いだり、逆に裏地を透けさせてデザイン効果を高めることもできます。

高級オートクチュールの服に使われる裏地はシルクです。柔らかくドレープ性があるため、表地に影響せず変なシワが浮きません。また湿気もよく吸収し、体になじみやすく、すべりもよく、最高の裏地素材と言えます。しかしシルクは摩擦に弱いため、擦り切れやすく、また高コストなのでごく限られた服にしか使用されません。

一般的に使われる裏地の素材は、キュプラや制電ポリエステルがほとんどです。

キュプラや制電ポリエステルなら、商品の取り扱い方に制限をほとんど与えません。一方、シルクやレーヨンを裏地に使用した場合は、水洗いの指示は控えた方が良いと思います。また、次のような素材を裏地に使うのは避けましょう。

①静電気が発生しやすい素材
②肌に刺激を与える素材
③表地とのすべりが悪い素材

④表地に裏地のシワが響く素材
⑤表地の色に影響を与えるようなカラーのもの

次に芯地について説明します。
　服に芯地というものが使われていることをご存知ない方も多いのではないでしょうか。
　芯地は服の縁の下の力持ち的存在です。表地と裏地の間にはさんだり、表地の裏に貼り付けられて、表地にハリを持たせたり、服の型崩れを防いだり、着用時のシルエットを整えたりする、とても重要なものなのです。またニットのように伸縮性があったり、目が粗い織物でほつれやすい表地の場合、芯地を使い生地を動きにくくすることで、縫いやすくするという役割を果たすこともあります。
　メンズにはピシッと仕上がるようにハリの強い芯地、子供服には型崩れしないような芯地が選ばれることが多く、芯地の種類はあまりありません。しかし、レディースの芯地については、シルエットや着用目的別に、実にさまざまな色素材や厚み、機能を持った芯地が開発されています。
　芯地には不織布、織物、編物の生地が使われます。それらは、表地に接着して使われる接着芯地と、表地に芯地を沿わせ使う非接着芯地とに分類されます。
　接着芯地には仮接着タイプと恒久接着タイプがあります。
仮接着タイプの芯地は、アイロンなどで表地に芯地を接着させ縫製したあと、洗濯やクリーニングで離れやすくした芯地で、縫製する時に縫いやすくするために一時的に生地を固定するために使われます。
　恒久接着タイプは、アイロンなどで表地に完全に接着し、表地と芯地を一体化させる芯地です。使われる生地の素材や接着のための糊（樹脂）の違いで、表地のハリやコシ、表面感などが違ってきます。
　一般的なレディースの服の場合は、織物の接着芯地が多く使われます。織物の接着芯地は、芯地の生地や貼る角度により表地の落ち感が変化し、

シルエットに大きな影響を与えます。そのため芯地を選ぶ担当者は何種類もの芯地を実際の表地に貼り付ける接着テストをして、種類や貼り方を決めていきます。

　不織布の芯地は特に方向性がないため、使いやすく汎用性の高い芯地と言えます。しかし、微妙なシルエットを追求するブランドでは使うのを避ける担当者もいます。また編物の芯地は伸縮性を生かしたい表地の場合に使われることが多い芯地です。

　接着芯地は、芯地に使用される接着用の糊（樹脂）によって表地の風合いに変化が出ます。最初からしっかり接着されるタイプの芯地は糊（樹脂）の量が多く、表地にハリとコシがでて、服の形をしっかりと保ってくれます。一方、接着力が弱いタイプの芯地は糊（樹脂）の量が少ないため、表地の風合いは柔らかく仕上がり、ソフトなシルエットが作れます。

　非接着芯地には、コットンや麻、化合繊で作られた芯地と、毛芯地があります。

　コットンや麻、化合繊の芯地は主に婦人服やシャツに使われています。毛芯地は主にウールのメンズスーツに使われ、羊毛のほかに馬の毛などを使ってより張りを出した芯地もあります。

①『広辞苑』岩波書店　第六版
②生地に刺繍をして造られたレースの総称
③たて編機を使って編み上げられたレース
④手工芸のボビン編や組みひもの技術を機械化して作られるレース
⑤家庭用品品質表示法
⑥ハトロン紙

第 9 章
異素材ミックスと品質試験

　違った素材を組み合わせた服は、着用や洗濯でそれぞれの素材が異なる動きをするため、さまざまな問題が発生しやすくなります。そういった問題が起こらないよう、事前にテストをする方法も含めて、対処方法についてまとめています。

デザイナー(D)と企画マーチャンダイザー(MD)の打ち合わせ

D:「今回のデザインテーマは『生地の切り替え』をテーマにしたいのよ」

MD:「うん！ それはおもしろいね！ 単純な切り替えではなく、いろいろこだわってみれば？」

D:「そうね！ 私、いろんな生地をコレクションしているの！ その中から面白いものを探してみるわ」

MD:「OK！ 了解！ 僕もいろいろな生地メーカーに声をかけて、いろいろな生地を持って来てもらうようにするよ」

【プロとしての打ち合わせ】

D:「今回のデザインテーマは『生地の切り替え』をテーマにしたいのよ」

MD:「うん！ それはおもしろいね！ 単純な切り替えではなく、いろいろこだわってみれば？ でも、生地を切り替えるとすれば、取り扱いも複雑になるから、しっかりと試験しなければいけないね」

D:「私、いろんな生地をコレクションしているの！ その中から面白いものを探してみるわ」

MD:「OK！ 了解！ 使いたいと思う生地を見せてくれないか？ その生地の取り扱い方法がわかればもっといいんだけれど・・・。生地メーカーに確認できるかな？」

D:「そんなの無理よ。趣味で集めている生地だし・・・」

MD:「趣味で集めている生地では量産できないね！ 生地メーカーに相談しよう！ 量産のことも考えて品質試験も提出してもらおう」

【ポイント】

　一着の服にいろいろな生地を組み合わせて作られたものがありますが、

252　第9章 異素材ミックスと品質試験

どのようなことに注意すればいいのでしょうか？

　基本的に言えることは、素材が変われば動きが変わるということです。たとえば、織物は動きにくい生地で編物は伸縮性が出る生地です。生地は織りや編みの組織によって動きがまったく違うことはみなさんはもうご存知だと思います。

　織物と編物を縫い合わせた服の場合は編地部分の自重によるダレに注意してください。服に縫い合わせるときにゲージや度目を調整して、着用や洗濯により変形しないようにすることが大切です。

またその他、組織の違いだけではなく生地は素材が変わると、その動きはすべて違ってきます。

 具体的にどんなことに注意すればいいのですか？

　たとえば素材が変わると、アイロンを当てるときの温度が変わります。綿や麻は高温でないと、なかなかシワを伸ばすことができません。一方、その他の素材は中温や低温でないとアタリやテカリ、硬化や溶融といった問題のほかに縮みや伸びの問題が発生します。そのためにいろいろな素材を組み合わせた服の取り扱い絵表示は、一番アイロンの当て方が弱い素材に合わせてアイロン温度が決められています。

　しかし特に、水分の影響を受けやすい天然繊維や、化学繊維の中でも再生繊維や半合成繊維といった素材はスチームアイロンにより伸びたり縮んだりします。また、水の影響をあまり受けない合成繊維でもアイロンの熱の影響で縮んだり伸びたりします。

　結果として、一着の中にいろいろな素材を使った服にアイロンを当てるとそれぞれの生地で縮みや伸びの動きが違い、その変化が大きい場合は服が変形したり、変なシワができるということもあるのです。

　また生地は洗濯によっても違った動きをします。今まで述べてきたことでもおわかりだと思いますが、水洗いやドライクリーニング、あるいは自

然乾燥とタンブラー乾燥の熱によっても素材の動きが異なるのです。「洗濯したら身頃の部分にデザインとして縫いつけられていたテープが縮んで変なシワができた」ということもあるのです。

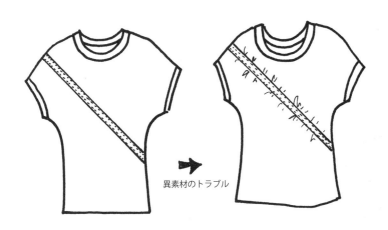

異素材のトラブル

Q 素材を組み合わせた服に対し、メーカーの問題防止策は？

 こういった問題を防ぐために服を企画デザインする前には生地の品質試験 が行われます。

アイロンによる素材ごとの収縮差の問題については、使用する素材ごとに実際にアイロンを当て寸法の変化をみるテスト で確認されます。アイロンを当てた時に同じ服に使われる素材同士でその動きに大きな差がある場合は、組み合わせて縫製する前に素材ごとに熱や蒸気を当て、生地の動きを安定させたり、デザイン修正して変形しない程度の使用量にしたり、使用することをやめて他の素材に変更するなどの対応をするのです。アイロンによる寸法の変化をみるテストは、服を縫製するときにアイロンがけをして縮んだり伸びたりして、服が指定通りの大きさに上がらないような問

題を防ぐのにも役立っています。

　そのほか水洗いやドライクリーニングなどの洗濯で生地が縮んだり伸びたりしないかをテストで確認します。それぞれの生地単体で洗濯寸法の変化をみる他に、実際に縫い合わせてみて洗濯をして変形しないかなどを確かめるのです。

　単体の生地で大きな縮みや伸びがある場合は、その生地をあらかじめ洗っておいて洗濯に対する動きを安定させます。ほかの生地と縫い合わせて一着の服にする場合もそれぞれの生地を洗っておいて、あらかじめ生地を安定させてから縫い合わせるという方法のほかに、デザイン修正して変形しない程度の使用量にしたり、使用することをやめて他の素材に変更することもあります。先ほど例に出した「洗濯したら身頃の部分にデザインとして縫いつけられていたテープが縮んで変なシワができた」という服はおそらくテープ部分の寸法変化のテストをせずに身頃に縫い合わせ、水洗いによりテープが大きく縮んだために発生した事故だと思います。

　このように作り手側がいろいろ試行錯誤して服に手を加えるケースとは違い、消費者に情報を流して注意を喚起して問題解決するようなこともあります。たとえば、まったくアイロンが当てられない素材を服の付属に使う場合は、「付属に直接アイロンを当てないでください」洗濯後の多少のゆがみはアイロンで回復する場合は「洗濯後アイロン仕上げで回復します」といったものです。こういった情報は取り扱い絵表示に「取り扱い注意」として服に縫いつけたり、下げ札などにつけて流されます。

　この本の第1章で述べた服の取り扱い方法は、こういったテストで確認した後に洗い方を決め取り扱い絵表示に反映させます。

　取り扱い絵表示の大切さはわかっていただけたとは思うのですが、服を購入するときにみなさんは下げ札をポイっ！　って捨ててしまうようなことはありませんか？　下げ札にも「価格」以外に何の素材で造った服なのか、服の取り扱いはどんな注意をすればいいのかなどの情報がたくさん載っているので、注意して読んでみてください。

寸法の変化以外のことは品質試験ではわからないのですか？

 寸法の変化以外に生地の強さをみる品質試験として

毛玉ができないか

破れやすくないか

擦り切れやすくないか

縫い目が簡単にパンクしないか

着用で生地に目が寄らないか

などが一般的ものとしてあります。

　へぇ〜！　そんなことまでテストでわかるの！　と、驚かれた方もいるではないでしょうか。しかし、これらのテストは実際の着用とは違う特殊な試験機器により行われるものです。そのテストにより結果はすべて数値によって出てきます。メーカー各社ではその数値によって合格か不合格か判断するための品質基準を持っていて、その基準に基づいて生地メーカーは生地の品質を管理し、アパレルメーカーは服作りに生かしています。しかし、テストの数値だけでは判断できないケースもあり、必要に応じて各アパレルメーカーでは本生産前に実際に服を作って洗濯したり試着したりして実用テストを行って最終の製品化へと進めています。

メーカー側の品質管理が
ゆき届いていると
健康できれいな服が
あなたの手元に

一着の服に濃色と淡色が配色されたものがありますが
どのようなことに注意すればいいですか？

 先ほど述べた品質試験は生地の寸法の変化や強度を確認するテストです。そのほかには色に関する品質試験 があります。

その一般的な試験内容は色落ち や色移り などに関するテストで、ディスプレーや太陽の光によって色褪せしないか 。

洗濯やドライクリーニングで色落ちや他の服に色移りしないか 。

汗をかくことによって服が色落ちしたりコーディネートしている服に色移りしないか 。

着用中に重ね着している服に色移りしないか 。
などです。

しかし、これらの試験だけでは一着に濃色と淡色が配色されたデザインの服の問題点を抽出することはできません。生地の素材の種類や染色方法によっては濃色部分から淡色部分へ洗濯したあと数時間後に色がにじみ出したり、折りたたんで保管していて濃色部分が淡色部分に色移りすることがあるからです。

洗濯したあと数時間後に濃色部分から淡色部分へ色がにじみ出す現象を「色泣き」といいます。原因は染色のとき、繊維にしっかりと染まりついていない染料が繊維に残っていて、乾燥するときに少しずつ毛細管現象によって移動し、淡色部分に移動したときに目立ってしまうというものです。染色工場での染色後の洗浄不足によるものがほとんどですが、商品企画の際にそのような使い方をすることを染色工場に伝えていないアパレルメーカーにも問題があります。

濃い色と淡い色を配色した服の企画をする際は、事前に色泣きしないかテストをすることにより色がにじみ出さないか確認することができます。テストの結果が悪い場合は配色を考えるか、染色工場に濃淡配色製品であることを伝えて、しっかりとした染色をしてもらうことがポイントです。

また、消費者は汚れが激しいからといって濃淡配色品を漬け置き洗いすることは避けましょう。しっかり染色されていても染料が引っ張り出されて色泣きすることがあります。また、脱水後、すぐに干さないで長時間脱水層の中に放置することによって色がにじみ出やすくなります。洗濯、脱水後はすぐに風通しの良い日陰で自然乾燥させてください。
　もう一つの問題はポリエステルの濃淡配色の服に起きる問題で、折りたたんで保管していて濃色部分が淡色部分に色移りするという事故です。

リボンの色がシャツに移ってしまった

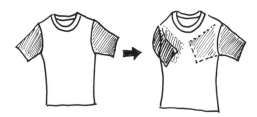

畳んでおいたら袖の色が移ってしまった

　また、黒いポリエステルの服に白の顔料プリントをしたとき、数か月してみるとプリント部分がグレーになっていたという事故もあります。これはプリント部分にポリエステルの黒い色の染料が顔料を固着している樹脂を通して移動したのが原因です。
　これらはすべて昇華と言われる現象で主にポリエステルの素材で発生する色移りの現象です。
　一般的に昇華とはどんな現象をいうのでしょうか？
　水を例にとりましょう。

水は温度によって氷から水、蒸気へと変わります。このように物質は固体→液体→気体と変化するのが一般的です。しかし昇華する物質は固体→気体へと、液体にならずに変化するのです。わかりやすい例が防虫剤です。防虫剤は固体からいきなり気体になります。これが昇華と言われる現象です。

　ポリエステルは吸水性がほとんどなく、水に溶けた染料では染色することができません。そのためポリエステルは合成染料の分散染料と言われる染料で染められることがほとんどです。この分散染料が昇華しやすい染料なのです。

●分散染料がポリエステルの生地に染まるメカニズム

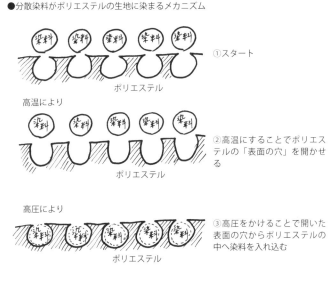

　染色されたポリエステルから、熱や油性の樹脂などでこの染料が繊維の内部から表面に浮かびあがったようになり色が移るのです。

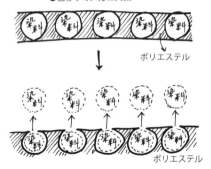

　この現象を防ぐにはできるだけ昇華しにくい分散染料で染色するしか方法はありません。専門的な話になりますが、分散染料の粒子が大きいと昇華しにくいと言われています。染められた生地は見ただけではどんな分散染料が使われているかわかりません。そのため昇華が発生しないかテストで確かめたうえで、ポリエステルの濃淡配色の服は企画をするべきだと思います。また染色工場に濃淡配色製品であることを伝えて、しっかりとした染色をしてもらうこともポイントです。

　このような問題は消費者ではなかなか対応できない問題だと思います。商品企画段階でプロである作り手がしっかりと品質の管理をすることが大切です。

Q 水洗いできる素材とドライクリーニングしかできない素材を組み合わせた服の注意点を教えてください

 基本的に水洗いができず、ドライクリーニングしかできない取り扱い絵表示を付けるしかないと思います。

　しかし、問題となるのは夏物の商品でTシャツなどの水洗いしたいアイテムにドライクリーニングしかできない素材を付属として取り付けた場合です。夏物なので汗をかいたらすぐに洗濯したいのですが、そのたびにド

ライクリーニングに出さなくてはいけないのです。しかも、ご存じのようにドライクリーニングでは水溶性の汚れである汗の汚れを完全に落とし切ることはできません。

何回も言いますが、こんな時、店頭では「大丈夫ですよ！　私も何回か水洗いしていますが問題ありませんよ」などと言って、取り扱い絵表示を無視した販売が行われるのです。

しかし、この本をここまで読んでくださったみなさんはもうおわかりですよね。そういった販売がどれだけ消費者を困らせ、販売者自身の首を締めているのか。また、いい加減なモノづくりをするアパレル生産者を増やしているのか。

たとえば、使っている付属がウールやシルクであれば、中性洗剤を使用して実際の商品を洗濯テストすればいいと思います。その結果、ウールやシルクの付属部分が縮んだり風合い変化を起こしたり、色落ちなどがなければ中性洗剤で手洗いする指示を取り扱い絵表示で標記すればいいのです。

または、夏物は使用する付属もできるだけ水洗い可能なものを選ぶようにしましょう。あるいはＴシャツのような水洗いアイテムはデザインしないで、ドライクリーニングだけしかしないような重衣料アイテムにデザインを切り替えるのも一つの方法です。

また第8章でも少し述べたのですが、革や毛皮はなめしにより水洗いもドライクリーニングもできないものが多いです。洗濯できない革や毛皮を付属として使った場合は、洗濯の際に取り外しができる仕様にしましょう。

革や毛皮部分はとり外しできるデザインがベスト

水洗いしかできない服にドライクリーニングしかできない素材を付属で使いたいと思います。どんな洗い方がいいですか？

　　デザイナーがクリエーションと称してこんな服を作るときがよくあります。当然のことながら取り扱い絵表示は といったものになると思います。

　それもご丁寧に「洗濯は専門の業者にご相談ください」という取り扱い注意？まで書かれているのです。

　洗濯の専門の業者であるクリーニング業の方にお話をうかがうと、あきれ顔で「どうやって洗えっていうんですか？」という声が聞こえてきます。当たり前のことです。自分たちで作った服を、着たあとのことは知らないから、買った人とクリーニング屋さんでよろしくね！って言っているのです。これはシェフが料理を作ってお客様に食べさせたあと、食中毒で腹痛が起こるから医者に行って相談してね！
と言っているのと同じことです。

　基本的にこういった服は企画ミスです。洗えない着捨ての商品を企画したことになります。いくら洗濯の専門業者といっても、水洗いやドライクリーニングをしたときにどんな変化が起こるかもわからない商品をカンと経験と度胸だけで洗う勇気はよほどのものだと思います。技術が高いクリーニング業者でもウエットクリーニングをするときは本当に神経がすり減る思いで洗われているのです。

　取り扱い絵表示は消費者のために付けることが法律で義務付けられている表示で、クリーニング業者のために付けているのではない、という意見もあります。しかし多くの場合、プロのクリーニング業者と言えども、服についている組成表示と取り扱い絵表示は参考にしています。法律上、ただ仕方なしに付ける、というのではなく、自分たちが企画生産した服をお客さまにいつまでも大切に着てもらいたい。という心で服作りはするべきではないでしょうか。

こういった服を洗濯する場合は分解して、別々に洗うことが必要です。あるいはせめて付属品を取り外せるようにして、「洗濯の際は付属品を取り外してください」という取り扱い注意を付けて、水洗いかドライクリーニングかどちらかの洗濯方法がとれるように考えて行くべきだと思います。

①試験方法はＪＩＳ（日本工業規格）に定められているほか、各メーカーのオリジナル試験がある
②プレス寸法変化率試験。試験方法はＪＩＳ（日本工業規格）に定められている
③スポンジングという工程で、生地にスチームを当て製織（編）や染色、仕上げ加工のときの生地の物理的なひずみをとり、生地を安定させる。
④プレスの寸法変化率の数値が大きい場合、パターンにその数値を入れ込んで服の寸法変化を補う
⑤洗濯・ドライクリーニング寸法変化率試験。試験方法はＪＩＳ（日本工業規格）に定められている
⑥物性試験。試験方法はＪＩＳ（日本工業規格）に定められている
⑦ピリング試験
⑧引き裂き強さ試験・破裂強さ試験・引っ張り強さ試験
⑨摩耗強さ試験
⑩縫い目滑脱試験
⑪目寄れ試験
⑫染色堅牢度試験。試験方法はＪＩＳ（日本工業規格）に定められている
⑬変色・退色
⑭汚染
⑮耐光堅牢度試験
⑯洗濯堅牢度試験
⑰ドライクリーニング堅牢度試験
⑱汗堅牢度試験
⑲摩擦堅牢度試験
⑳色泣き試験
㉑気体から固体に変化する場合にも昇華という言葉が使われることがある
㉒昇華堅牢度試験

あとがき

　本書は、繊維の研究者・専門家の方が読まれると、かなり荒っぽい説明の部分があるかもしれません。しかし、研究対象とするならともかく、繊維素材のナノレベルの話を一般の方にしてもあまりご理解いただけないのではないでしょうか。

　服の材料としての繊維素材を念頭に、今、自分が着ている服が何の素材で作られているのか。そしてこの服はどのように取り扱えばいいのか。専門的で学術的なことは別にして、一般の方にお伝えしたい。アパレル業界のプロの方には服を企画するとき、あるいは販売するときに、まず、こういった基本知識を身に付けていただいて日々の業務にあたっていただきたい。そんな思いを込めてこの本を書きました。まさにアパレル業界の現場ですぐに使っていただきたい、基本中の基本をまとめたものです。

　本書がアパレル業界を目指すみなさんや、プロとなってさらに上のステージを目指す方に少しでもお役に立つものになればと願っています。

　最後になりましたが、繊研新聞社出版部の山里泰氏と動きの鈍い私の背中に叱咤激励のお言葉をいただき出版のサポートをしていただきました編集担当の井出重之氏にも心からお礼を申し上げます。

2019年3月
髙原 昌彦

●参考・引用文献リスト
「マテリアル」 髙原昌彦 監修（学校法人モード学園）
「アパレル素材論」文化服装学院編（文化出版局）
「わかりやすい アパレル素材の知識」 一見輝彦 著（ファッション教育社）
「アパレルテキスタイル素材困った時に読む本」 大井誠治 著（繊維流通研究会）
「化学せんい」 日本化学繊維協会
「品質カリキュラム（テキスト）」 一般財団法人 カケンテストセンター 発行
「皮革の実際知識」 菅野英二郎 著（東洋経済新報社）
「ファッション大辞典」 吉村誠一 著（繊研新聞社）
「広辞苑」第6版 （岩波書店）

●写真資料提供
ザ・ウールマーク・カンパニー
株式会社 島精機製作所
株式会社 福原精機製作所
日本化学繊維協会
日本綿業振興会
日本麻紡績協会

●写真撮影協力
大阪成蹊大学 芸術学部

・著者紹介・

髙原 昌彦（たかはら まさひこ）

1982年 株式会社ワールド入社 品質管理（素材事前検査・製品検査）を担当。同時にファッション専門学校で企業派遣講師として商品学を講義。その後、企画営業・生産・企画MDを手掛ける。2001年独立しファッションコンサルタント事務所A.P.Officeを開設。アパレル企業の企画開発・生産・販売におけるコンサルタント業務やファッションライターとしての活動の傍ら、甲南女子大学 特任講師。大阪成蹊大学 非常勤講師としてファッションビジネス論・ファッションマーケティング論・ファッション開発論・ブランド論・素材論などを講義。ファッション専門学校であるモード学園やマロニエファッションデザイン専門学校でもファッション素材、企画、生産、販売などの各分野をレクチャーしファッションビジネス界において幅広い人材の育成に貢献している。さらに2019年4月に開学される国際ファッション専門職大学の准教授就任が決まっている。

新版 Q&A現場で活きるアパレル素材の基礎知識

2019年3月30日 初版第1刷発行

著　　　者	髙原 昌彦
発 行 者	佐々木 幸二
発 行 所	繊研新聞社

〒103-0015 東京都中央区日本橋箱崎町31-4 箱崎314ビル
TEL.03(3661)3681　FAX.03(3666)4236

印刷・製本　中央精版印刷株式会社
乱丁・落丁本はお取り替えいたします。

ⓒMASAHIKO TAKAHARA, 2019 Printed in Japan
ISBN978-4-88124-331-2　C3063